最短合格

第2版
新装版

毒物劇物取扱者

スピード問題集

毒物劇物研究会

TAC出版

TAC PUBLISHING Group

はじめに

　毒物劇物取扱者は毒物および劇物の輸入・製造・販売を行い管理・監督するのに必要な国家資格です。毒物劇物営業者（毒物・劇物の輸入・製造・販売業者）は、毒劇物を取り扱う施設ごとに、毒物劇物取扱者の中から毒物劇物取扱責任者を専任・届出し、毒物または劇物による保健衛生上の危害の防止にあたらせることが法令で義務づけられています。

　都道府県単位で年に1回、毒物劇物取扱者試験が実施されています。当試験の合格者は毒物劇物取扱者の有資格者となり、毒物劇物取扱責任者となることができます。

　本書は毒物劇物取扱者試験短期合格のための問題集です。
　都道府県単位で実施される試験の出題傾向を徹底的に分析し、出題頻度が高いと考えられる問題のみを厳選しました。ですので、仕事や学校で多忙な方も本書なら無理なく学習を進めることができます。また、姉妹書として『毒物劇物取扱者スピードテキスト』も刊行しています。併せてご利用いただければ、さらに学習効果を上げることができるでしょう。

　「資格の学校」TACは、さまざまな分野の資格試験・検定試験にて合格者を輩出してきました。長年にわたって培ってきたTACならではのノウハウが、本書の各所にちりばめられています。本書を手にしたあなたは、合格への第一歩を踏み出したといえるでしょう。
　本書を学習した受験生の方々が見事合格の栄冠を勝ち取られ、毒物劇物取扱業務において活躍されることを願ってやみません。

●●● 本書の特徴 ●●●

　本書は効率よく学習するための工夫を随所に取り入れました。その大きな特徴は、以下のような立体的解説にあります。

(1)　本試験型の問題を収録した。

(2)　解説・解答は各回ごとに配置し、出題の意図が理解できるようそのポイントを丁寧に説明し、読者が必要に応じて適宜確認できるようにした。

(3)　出題頻度の高い問題を5回分収録し、繰り返し練習できるようにした。

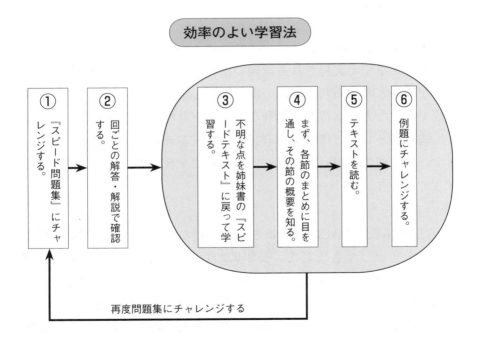

効率のよい学習法

① 『スピード問題集』にチャレンジする。

② 回ごとの解答・解説で確認する。

③ 不明な点を姉妹書の『スピードテキスト』に戻って学習する。

④ まず、各節のまとめに目を通し、その節の概要を知る。

⑤ テキストを読む。

⑥ 例題にチャレンジする。

再度問題集にチャレンジする

も　く　じ

contents

▓▓ 毒物劇物取扱者試験受験ガイド ▓▓

(1) 資格の概要

　毒物劇物取扱責任者の業務は、毒物や劇物の貯蔵設備の管理ほか、保健衛生上の危害の防止にあたることである。製造業、輸入業、販売業など毒物や劇物を取り扱う場合、国または各都道府県への登録が必要となり、その際には製造所、営業所または店舗ごとに専任の毒物劇物取扱責任者を1名選出することが義務づけられている。

(2) 有資格者

　毒物劇物取扱責任者になることができるのは、以下のいずれかに該当する者である。
　①薬剤師
　②厚生労働省令で定める学校で、応用化学に関する学課を修了した者
　③都道府県知事が行う毒物劇物取扱者試験に合格した者
　※ただし上記に該当しても18歳未満の者やその他法令で定める者は
　　毒物劇物取扱責任者になることはできない。

(3) 受験資格

　年齢、性別、学歴、実務経験等には関係なく、誰でも受験することができる。また、住所地や勤務地に関係なく他府県でも受験することができる。ただし、試験に合格しても18歳未満の者やその他法令で定める者は毒物劇物取扱責任者になることはできない。

(4) 資格の種類

　毒物劇物取扱者の資格には以下の4種類があり、それぞれ試験範囲が異なる。

資格の種類	試験範囲の対象
一般毒物劇物取扱者	すべての毒物、劇物
農業用品目毒物劇物取扱者	農業用品目に関する毒劇物（毒物劇物取扱法施行規則別表第1）
特定品目毒物劇物取扱者	特定品目に関する毒劇物（毒物劇物取扱法施行規則別表第2）
内燃機関用メタノールのみの取扱いに係る特定品目毒物劇物取扱者	メタノールのみ

※現在、内燃機関用メタノールのみの取扱いに係る特定品目毒物劇物取扱者試験については実施している都道府県はあまりない。

(5) 受験の手続き

　毒物劇物取扱責任者は国家資格で、毒物劇物取扱者試験は各都道府県ごとに実施される。

①実施時期……都道府県によって異なるが、多くは夏季（6～9月）に実施され、各都道府県とも年1回の実施となる。

②必要書類など……基本的には ⓐ毒物劇物取扱者試験願書 ⓑ写真（出願前6ヵ月以内に撮影した上半身、正面、脱帽のもの） ⓒ試験手数料（都道府県によって多少の差があり10,500 ～ 12,000円程度） ⓓ受験票、などだが、都道府県によっては住民票が必要となる場合もある。

※書類の配布場所ほか詳細については受験予定の都道府県の担当部署（薬務課など）や地域の保健センターなどに問い合わせること。

(6) **試験の内容**

毒物劇物取扱者試験の試験科目は基本的に以下のとおりである。

①毒物及び劇物に関する法規（主に毒劇法から出題）

②基礎化学（高校化学程度の問題）

③毒物及び劇物の性質及び貯蔵その他取扱方法

④実地試験

※都道府県により科目数、科目名、問題数が異なる場合がある。

※過去の実地試験は提示された毒物・劇物の実物を判別する実技試験を実施していたが、現在では実技試験の代わりに毒物及び劇物の性質及び貯蔵その他取扱方法に近い内容の筆記試験を実施する場合が大半を占めているので、事前に確認しておく必要がある。

(7) **合格発表**

各都道府県により異なるが、試験結果はおおむね1週間から1ヵ月程度で発表される。各都道府県の指定した場所への掲示、ハガキによる通知（事前の希望者のみ）のほか、都道府県によってはインターネットでも合否が確認できる。

▌▌▌ 本書の構成について ▌▌▌

本書では、実際の試験において「毒物及び劇物の性質及び貯蔵その他取扱方法」「実地試験」等と分けられている2科目分を、1つにまとめた形で掲載している。

これは、①実際の試験ではこの2科目に関する区分が明確でない、②各都道府県によって科目の名称が統一されていないなどの点から、より効果的な試験対策をとの考えに基づき、2科目を分けない構成をとっている。

毒物劇物取扱者

スピード問題集

毒物及び劇物に関する法規
（一般・農業用品目・特定品目共通）

1 次の記述は、毒物及び劇物取締法第1条（目的）および第2条（定義）の規定である。（　　）の中にあてはまる字句の正しい組み合わせはどれか。なお、2ヵ所の（　c　）はどちらも同じ字句が入る。

第1条

　この法律は、毒物及び劇物について、（　a　）の見地から必要な（　b　）を行うことを目的とする。

第2条

　この法律で「毒物」とは、別表第1に掲げる物であって、医薬品及び（　c　）以外のものをいう。

　2　この法律で「劇物」とは、別表第2に掲げる物であって、医薬品及び（　c　）以外のものをいう。

	a	b	c
(1)	保健衛生上	規制	飲食物
(2)	保健衛生上	取締	医薬部外品
(3)	公衆衛生上	取締	医薬部外品
(4)	公衆衛生上	規制	飲食物
(5)	健康増進上	規制	飲食物

2 毒物及び劇物取締法（同法施問2　行令及び同法施行規則を含む。）の規定に関する記述の正誤について、正しい組み合わせはどれか。

a　特定毒物は、毒物に含まれない。

b　毒物又は劇物の販売業の登録を受けようとする者は、店舗ごとにその店舗の所在地の都道府県知事を経て、厚生労働大臣に申請書を提出しなければならない。

c　毒物又は劇物の輸入業者であれば、自らが輸入した毒物又は劇物を他の毒物劇物営業者に販売することができる。

d　特定毒物研究者又は特定毒物使用者でなければ、特定毒物を製造することができない。

	a	b	c	d
(1)	正	正	正	正
(2)	正	正	誤	誤
(3)	誤	正	誤	正
(4)	誤	誤	正	誤
(5)	誤	誤	誤	誤

3 興奮、幻覚作用のある毒物・劇物として摂取、吸収またはこれらの目的で所持してはならないとされているものの正しい組み合わせはどれか。

(1)　メタノール―トルエン―酢酸エチルを含有する製剤

(2)　酢酸エチル―メタノール―トルエン

(3)　酢酸エチルを含有するシンナー―トルエンを含有する接着剤―トルエン

(4)　メタノールを含有する変性アルコール―トルエン―酢酸エチル

(5)　酢酸エチル―エタノール―トルエン

4 毒物及び劇物取締法第3条の4およびこれに基づく政令で規定されている引火性、発火性または爆発性のある劇物として正しいものはどれか。

(1)　塩素酸塩類を30%含有する製剤

(2)　亜硝酸ナトリウムを30%含有する製剤

(3) ピクリン酸

(4) トルエン

(5) 黄リン

5 次のうち、**毒物劇物営業者**に該当するものの組み合わせはどれか。

a 毒物又は劇物の輸入業者

b 毒物又は劇物の運送の事業者

c 毒物又は劇物の製造業者

d 毒物又は劇物の研究者

(1) （a、b） (2) （a、c） (3) （a、d）

(4) （b、c） (5) （b、d）

6 **毒物又は劇物の販売業の店舗の設備の基準**に関する記述の正誤について、正しい組み合わせはどれか。

a 毒物又は劇物を陳列する場所には、かぎをかける設備や、周囲に堅固な柵等は必要ではない。

b 毒物又は劇物の運搬用具には、毒物又は劇物が飛散し、漏れ、しみ出るおそれがないものを利用する。

c 毒物又は劇物の販売業の店舗の設備基準は、毒物又は劇物の輸入業の営業所と同じ基準である。

	a	b	c
(1)	誤	正	正
(2)	正	正	誤
(3)	誤	正	誤
(4)	誤	誤	正
(5)	正	誤	誤

7 毒物及び劇物取締法（同法施行令及び同法施行規則を含む。）の規定に照らし、次の営業の登録に関する記述について、正しいものの組み合わせはどれか。

a 毒物又は劇物の販売業の登録の更新は、登録の日から起算して6年を経過する日までに登録更新申請書を提出しなければならない。

b 毒物又は劇物の製造業者は、登録を受けた毒物又は劇物以外の毒物又は劇物を製造しようとするときは、あらかじめ、登録の変更を受けなければならない。

c 毒物又は劇物の販売業の登録の種類には、一般販売業、農業用品目販売業、特定品目販売業及び特定毒物販売業がある。

d 毒物又は劇物の一般販売業の登録を受けた者は、特定品目販売業の登録を受けた者が取り扱うことのできる毒物又は劇物も販売できる。

(1) （a、b） (2) （a、c） (3) （a、d）
(4) （b、c） (5) （b、d）

8 次のア～エの記述のうち、法律の条文に照らして、正しいものはいくつあるか。下から1つ選び、その番号を答えなさい。

ア 特定毒物を輸入できる者は、毒物もしくは劇物の輸入業者または特定毒物研究者に限られている。

イ 特定毒物研究者は、学術研究のためであっても、特定毒物を製造してはならない。

ウ 特定毒物研究者の許可は、5年ごとの更新を受けなければ失効する。

エ 特定毒物使用者が特定毒物使用者でなくなったときは、15日以内に都道府県知事に、失効年月日、失効理由、現に所有する特定毒物の品名及び数量を届け出なければならない。

(1) 一つ (2) 二つ (3) 三つ (4) 四つ

9 次の販売業の品目に関する文章について、誤っているものの組み合わせを選びなさい。

5

A 一般販売業の登録をしている販売業者はすべての毒物劇物を販売できる。

B 特定品目販売業の登録を受けた者はすべての毒物を販売できるわけではない。

C 農業用品目販売業の登録を受けた者は農業上必要なすべての毒物または劇物を販売できる。

D 農業用品目は主として農薬として用いられているものである。

E 特定品目毒物劇物取扱者試験の合格者は農業用品目販売業の毒物劇物取扱責任者になることができる。

(1) （AとB）　　(2) （CとE）　　(3) （BとC）

(4) （DとE）　　(5) （AとD）

10 次の記述のうち、業務上取扱者として届出の必要があるものの組み合わせはどれか。

a リン化アルミニウムとその分解促進剤とを含有する製剤を使用して、ねずみの駆除を行う事業者

b 亜ヒ酸を含有する製剤を使用して、しろありの防除を行う事業者

c シアン化カリウムを使用して、電気めっきを行う事業者

d 最大積載量が、5000キログラムの自動車で、内容積が500リットルの固定されていない容器を積載してフッ化水素を含有する製剤を運搬する事業者

(1) （a、b）　　(2) （a、c）　　(3) （a、d）

(4) （b、c）　　(5) （c、d）

11 毒物劇物営業者は、厚生労働省令で定められた劇物の容器については、飲食物の容器として通常使用される物を使用することができないと規定されている。その厚生労働省令で定められた劇物とはどれか。

(1) すべての劇物

(2) 液体状の劇物

(3) 飛散しやすい劇物

(4) 無臭の劇物

(5) 着色していない劇物

12 次の記述は、法律第12条に基づく毒物または劇物の表示について、述べたものである。（　　）の中に当てはまる正しい語句の組み合わせを下から1つ選び、その番号を答えなさい。

毒物劇物営業者及び特定毒物研究者は、毒物又は劇物の容器及び被包に、「医薬用外」の文字及び毒物については（　ア　）をもって「毒物」の文字、劇物については（　イ　）をもって「劇物」の文字を表示しなければならない。毒物劇物営業者は、その容器及び被包に、次に掲げる事項を表示しなければ、毒物又は劇物を販売し、又は授与してはならない。

一　毒物又は劇物の名称

二　毒物又は劇物の成分及びその（　ウ　）

三　厚生労働省令で定める毒物又は劇物については、それぞれ厚生労働省令で定めるその（　エ　）の名称

(1) （ア　白地に赤色、イ　赤地に白色、ウ　化学式、エ　中和剤）

(2) （ア　赤地に白色、イ　白地に赤色、ウ　含量、エ　解毒剤）

(3) （ア　黒地に白色、イ　白地に黒色、ウ　含量、エ　解毒剤）

(4) （ア　白地に黒色、イ　黒地に白色、ウ　化学式、エ　中和剤）

13 次の記述は、毒物及び劇物取締法第3条の3の規定である。（　　）の中にあてはまる字句の正しい組み合わせはどれか。

第3条の3

興奮、幻覚又は（　a　）の作用を有する毒物又は劇物（これらを含有する物を含む。）であって政令で定めるものは、みだりに摂取し、若しくは（　b　）し、又はこれらの目的で所持してはならない。

　　　　a　　　　　b

(1) 幻聴　　　譲渡

(2)　幻聴　　　吸入

(3)　麻酔　　　吸入

(4)　麻酔　　　譲渡

(5)　妄想　　　譲渡

14 毒物または劇物の交付に関する記述の正誤について、正しい組み合わせはどれか。

a　毒物劇物営業者は、18歳以下の者に対し、毒物又は劇物を交付してはならない。

b　毒物劇物営業者は、ニコチン中毒者に対し、毒物又は劇物を交付してはならない。

c　毒物劇物営業者は、交付を受ける者の氏名及び住所を確認した後でなければ、亜塩素酸ナトリウムを交付してはならない。

	a	b	c
(1)	正	正	正
(2)	正	正	誤
(3)	誤	正	誤
(4)	誤	誤	正
(5)	誤	誤	誤

15 毒物劇物営業者が事故発生時に講じなければならない措置に関する記述の正誤について、正しい組み合わせはどれか。

a　取り扱っている毒物又は劇物を漏えいし、不特定の者に保健衛生上の危害が生ずるおそれがあったので、直ちに、その旨を保健所に届け出た。

b　無機シアン化合物たる毒物を含有する液体状の物（シアン含有量が1リットルにつき1ミリグラム以下のものを除く。）を漏えいし、不特定の者に保健衛生上の危害が生ずるおそれがあったので、その危害を防止するために必要な応急の措置を講じた。

c　取り扱っている毒物又は劇物を紛失したので、直ちに、その旨を消

防署に届け出た。

　d　取り扱っている毒物又は劇物が盗難にあったので、直ちに、その旨
　　を警察署に届け出た。

	a	b	c	d
(1)	正	誤	正	正
(2)	正	正	誤	正
(3)	正	正	誤	誤
(4)	誤	誤	正	誤
(5)	誤	誤	誤	誤

16 毒物劇物営業者が、毒物または劇物を毒物劇物営業者以外の者に販売したときは、その譲受人から提出を受けた書面を保存しておかなければならない。その保存する期間として正しいものはどれか。

(1)　販売の日から1年間

(2)　販売の日から2年間

(3)　販売の日から3年間

(4)　販売の日から5年間

(5)　販売の日から7年間

17 毒物及び劇物取締法の規定に照らし、毒物劇物製造業者が自ら製造した劇物を、毒物または劇物の販売業者に販売したときに、書面に記載しておく必要のない事項を選びなさい。

(1)　劇物の名称、数量

(2)　譲受人の氏名及び住所

(3)　販売の年月日

(4)　劇物の使用目的

(5)　譲受人の職業

18 毒物及び劇物取締法施行令第40条で規定される毒物等の廃棄の方法に関する技術上の基準について、（　）の中にあてはまる字句の正しい組み合わせはどれか。なお、２ヵ所の（　b　）はどちらも同じ字句が入る。

　中和、（　a　）、酸化、還元、稀釈その他の方法により、毒物及び劇物並びに法第11条第２項に規定する政令で定める物のいずれにも該当しない物とすること。

　ガス体又は（　b　）性の毒物又は劇物は、保健衛生上危害を生ずるおそれがない場所で、少量ずつ放出し、又は（　b　）させること。

　可燃性の毒物又は劇物は、保健衛生上危害を生ずるおそれがない場所で、少量ずつ燃焼させること。

　上記の方法により難い場合には、地下（　c　）以上で、かつ、地下水を汚染するおそれがない地中に確実に埋め、海面上に引き上げられ、若しくは浮き上がるおそれがない方法で海水中に沈め、又は保健衛生上危害を生ずるおそれがないその他の方法で処理すること。

	a	b	c
(1)	乾燥	引火	1メートル
(2)	乾燥	引火	5メートル
(3)	加水分解	揮発	1メートル
(4)	加水分解	引火	5メートル
(5)	乾燥	揮発	5メートル

19 劇物である20％塩酸を車両を使用して、１回につき5000キログラム以上運搬する場合における運搬方法の基準に関する記述の正誤について、正しい組み合わせはどれか。

a　車両には、防毒マスク、ゴム手袋を２人分以上備えなければならない。

b　１人の運転時間が、１日当たり10時間の運転をする場合には、車両１台について運転者のほか交替して運転する者を同乗させなければならない。

c　車両には0.3メートル平方の板に地を白色、文字を黒色として「毒」と表示した標識を、車両の前後の見やすい箇所に掲げなければならない。

	a	b	c
(1)	正	正	正
(2)	正	正	誤
(3)	誤	正	誤
(4)	誤	誤	正
(5)	誤	誤	誤

20 　1回につき1000キログラムを超える毒物または劇物を車両を用いて運搬する行為を他の者に委託する場合、荷送人は、運送人に対し、あらかじめ書面を交付しなければならない。その書面に関する記述について、正しいものの組み合わせはどれか。

a　運搬する毒物又は劇物の名称及び数量を記載しなければならない。

b　事故の際に講じなければならない応急の措置の内容を記載しなければならない。

c　毒物又は劇物の製造業者の氏名及び住所（法人にあっては、その名称及び主たる事務所の所在地）を記載しなければならない。

d　荷送人の都合のみにより、その書面に記載すべき事項を電子情報処理組織を使用する方法で提供することができる。

(1)　（a、b）　　(2)　（a、c）　　(3)　（a、d）

(4)　（b、c）　　(5)　（c、d）

基礎化学
（一般・農業用品目・特定品目共通）

1 次の文章の空欄に適切な語句を下の語群から選び、その記号を記入しなさい。

A　固体の物質が直接気体に変化することを（　　）という。

B　物質が空気中の水分を吸収して自然に溶けていくことを（　　）という。

C　液体の物質が気体に変化することを（　　）という。

D　結晶水をもっている化合物が空気中で水を失いもろくなることを（　　）という。

E　物質の質量とこれと同体積の標準物質の質量の比を（　　）という。

(1)　酸化　　　(2)　比重　　　(3)　凝固　　　(4)　昇華　　　(5)　中和

(6)　風解　　　(7)　潮解　　　(8)　飽和　　　(9)　液化　　　(10)　気化

2 次の文章の正誤の組み合わせのうち正しいものはどれか。

A　共有結合は原子間で価電子の一部を共有し合うことにより形成される。

B　金属結合は金属イオン間の電気的な引力によって形成される。

C　一般にイオン結合結晶の物質の化学式は構造式を使って表示する。

D　示性式は1対の共有電子対を価標といわれる1本の線で表す表示方法である。

	A	B	C	D
(1)	正	誤	誤	誤
(2)	誤	正	正	誤
(3)	正	誤	正	正
(4)	誤	正	誤	誤

3 27℃、1atmの下で5.0ℓの気体がある。この気体を87℃、3.0atmの条件下においたときの体積について、正しいものはどれか。ただし、0℃=273Kとする。

(1) 2.0ℓ　(2) 3.0ℓ　(3) 4.7ℓ　(4) 5.4ℓ　(5) 12.5ℓ

4 18℃で水1mlに溶ける1atmの酸素及び窒素の体積を、0℃、1atmの体積に換算すると、それぞれ0.032ml、0.016mlになる。1atmの空気が18℃の水に接しているとき、水に溶けた酸素と窒素の物質量の比（酸素：窒素）について、正しいものはどれか。ただし、空気は酸素と窒素が1：4の体積比で混合した気体とする。

(1) 1：2　(2) 1：4　(3) 1：1　(4) 2：3　(5) 4：1

5 25w/w%硫酸150gを希釈して、15w/w%硫酸を作るために必要な水の量について、正しいものはどれか。

(1) 15g　(2) 90g　(3) 100g　(4) 133.3g　(5) 250g

6 15w/w%水酸化ナトリウム水溶液200gを作るために必要な固体の水酸化ナトリウムの量について、正しいものはどれか。

(1) 13.3g　(2) 30g　(3) 75g　(4) 133.3g　(5) 300g

7 C、H、Oだけからなる化合物を30mgとり、完全燃焼させ、元素分析したところ、H_2O18mgと$CO_2$44mgが生成した。この化合物の組成式について、正しいものはどれか。

ただし、C、H、Oの原子量をそれぞれ12、1、16とする。

(1) CHO　(2) CH_2O　(3) CH_2O_2　(4) CH_3O　(5) $C_2H_3O_2$

8 一酸化炭素の生成熱について、正しいものはどれか。ただし、炭素及び一酸化炭素の燃焼熱をそれぞれ394kJ、283kJとする。

C（黒鉛）＋O_2（気体）＝CO_2（気体）＋394kJ

CO（気体）＋1/2O_2＝CO_2（気体）＋283kJ

(1)　56kJ　　(2)　111kJ　　(3)　222kJ　　(4)　333kJ　　(5)　555kJ

9 次の化合物のうち、その水溶液が酸性を示すものの組み合わせはどれか。

a　$CaCl_2$　　b　NaOH　　c　H_2S　　d　KOH　　e　H_3PO_4

(1)　（a、b）　　(2)　（b、c）　　(3)　（b、e）
(4)　（c、d）　　(5)　（c、e）

10 0.20mol/ℓ の水酸化ナトリウム水溶液20mℓを中和するために必要な0.20mol/ℓ の塩酸の量について、正しいものはどれか。

(1)　5 mℓ　　(2)　10mℓ　　(3)　15mℓ　　(4)　20mℓ　　(5)　40mℓ

11 次の化学反応で酸化された元素はどれか。正しいものを1つ選びなさい。

$$2CuO+C \rightarrow 2Cu+CO_2$$

(1)　Cu　　(2)　O　　(3)　C　　(4)　CuとO

12 次の元素を表す元素記号について、正しいものの組み合わせはどれか。

	アルミニウム	亜鉛	硫黄	リン	マンガン
(1)	Al	As	Se	P	Mo
(2)	Ar	As	Se	P	Mn
(3)	Al	As	S	Pd	Mo
(4)	Ar	Zn	Se	Pd	Mn
(5)	Al	Zn	S	P	Mn

13 次の記述の正誤について、正しい組み合わせはどれか。

a　カルシウムはアルカリ金属元素である。

b　固体の水酸化ナトリウムは、湿った空気中に放置すると、風解す

る。

  c　マグネシウムはアルカリ土類金属元素である。

  d　金属元素である亜鉛は、両性元素ともよばれる。

  e　塩素は無色の気体である。

	a	b	c	d	e
(1)	正	正	誤	誤	正
(2)	誤	正	誤	正	誤
(3)	正	誤	誤	誤	誤
(4)	誤	誤	誤	正	誤
(5)	正	正	正	正	正

14 5種類の金属Ａ、Ｂ、Ｃ、Ｄ、Ｅがある。次の記述から、イオン化傾向が最も大きい金属はどれか。

  a　Ａ、Ｃ、Ｅは希硫酸と反応して水素を発生するが、ＢとＤは反応しない。

  b　Ａの酸化物はＥによって還元され、単体のＡになる。

  c　Ｂのイオンを含む水溶液にＤを入れると、単体のＢが析出する。

  d　ＡとＣを希硫酸中に入れて電池を作ると、Ｃが正極になる。

(1)　Ａ　　(2)　Ｂ　　(3)　Ｃ　　(4)　Ｄ　　(5)　Ｅ

15 炭素電極を使って高濃度の塩化ナトリウム水溶液を電気分解したときに、陽極及び陰極から発生する物質について、正しいものの組み合わせはどれか。

	陽極	陰極
(1)	O_2	H_2
(2)	Cl_2	Na
(3)	O_2	Na
(4)	H_2O	H_2
(5)	Cl_2	H_2

16 次の記述にあてはまる分子式について、**最も適切な組み合わせ**はどれか。

a 無色・無臭の気体で、すべての気体中でもっとも軽い。

b 無色・無臭の気体で、水に少し溶け、その水溶液は弱い酸性を示す。

c 無色・刺激臭の気体で、空気より軽い。また、水によく溶け、その水溶液は弱いアルカリ性を示す。

	a	b	c
(1)	H_2	CO_2	NH_3
(2)	N_2	HCl	He
(3)	N_2	CO_2	He
(4)	H_2	HCl	NH_3
(5)	H_2	O_2	NH_3

17 次の物質のうち、エタノールに濃硫酸を加え、160〜170℃に加熱すると生成するものを下から1つ選び、その番号を答えなさい。

(1) メタン ・

(2) エタン

(3) エチレン

(4) アセチレン

18 次の記述にあてはまる物質について、**正しいものの組み合わせ**はどれか。

a 刺激臭のある無色の液体で、酸性とともに還元性を示す。

b 食酢の主成分である。

c 2−プロパノールを酸化すると生成する。

	a	b	c
(1)	HCOOH	CH_3COOH	CH_3CH_2CHO
(2)	HCOOH	CH_3COCH_3	CH_3CH_2CHO

(3) CH₃COOH　　　HCOOH　　　CH₃COCH₃

(4) HCOOH　　　CH₃COOH　　　CH₃COCH₃

(5) CH₃COOH　　　CH₃COCH₃　　　HCOOH

19 次の反応により生成する物質について、正しいものの組み合わせはどれか。

a　ベンゼンに濃硫酸と濃硝酸の混合物を作用させる。

b　酢酸とエタノールの混合物に濃硫酸を加えて加熱する。

c　エタノールに濃硫酸を加えて、約130℃に熱する。

	a	b	c
(1)	ニトロベンゼン	酢酸エチル	ジエチルエーテル
(2)	ベンゼンスルホン酸	酒石酸	ジエチルエーテル
(3)	アニリン	酢酸エチル	メタノール
(4)	ニトロベンゼン	酒石酸	アセトアルデヒド
(5)	ベンゼンスルホン酸	アセトアルデヒド	メタノール

毒物及び劇物の性質、貯蔵、識別、取扱方法、実地（一般）

1 次の薬物の代表的な用途として、最も適当なものを下から1つ選び、その番号を答えなさい。

(1) 塩素酸カリウム

(2) クレゾール

(3) メチルイソチオシアネート

(4) ヒドラジン

a 消毒、殺菌、木材の防腐剤、合成樹脂可塑剤。

b 土壌中のセンチュウ類や病原菌などに効果を発揮する土壌消毒剤。

c 工業用にマッチ、花火、爆発物の製造、酸化剤、抜染剤として使用される。

d 強い還元剤でロケット燃料にも使用される。

2 次の薬物の人体に対する代表的な中毒症状として、最も適当なものを下から1つ選び、その番号を答えなさい。

(1) アクリルニトリル

(2) 二酸化セレン

(3) キシレン

(4) ニトロベンゼン

a 吸入した場合、衰弱感、頭痛、悪心、くしゃみ、腹痛、おう吐等がみられ、多量に吸入すると意識不明、呼吸停止を起こし死に至ることがある。

b 吸入した場合、皮膚や粘膜が青黒くなる（チアノーゼ）、頭痛、めまい、眠気が起こる。

c 皮膚に触れた場合、皮膚に浸透し、痛みを与え、黄色に変色する。爪の間から入りやすい。

d 吸入した場合、目、鼻、のどを刺激する。高濃度で興奮、麻酔作用がある。

3 次の薬物の廃棄方法として、最も適当なものを下から１つ選び、その番号を答えなさい。

(1) セレン

(2) リン化アルミニウムとその分解促進剤とを含有する製剤

(3) ギ酸

(4) クロルピクリン（別名クロロピクリン）

a 多量の次亜塩素酸ナトリウムと水酸化ナトリウムの混合水溶液を攪拌しながら少量ずつ加えて酸化分解する。過剰の次亜塩素酸ナトリウムをチオ硫酸ナトリウム水溶液等で分解した後、希硫酸を加えて中和し、沈殿ろ過する。

b セメントを用いて固化し、埋立処分する。多量の場合には加熱し、蒸発させて金属として捕集回収する。

c 少量の界面活性剤を加えた亜硫酸ナトリウムと炭酸ナトリウムの混合溶液中で、攪拌し分解させた後、多量の水で希釈して処理する。

d 多量の水酸化ナトリウム水溶液に少しずつ加えて中和した後、多量の水で希釈して活性汚泥で処理する。

4 次の薬物の漏えい時の措置として、最も適当なものを下から１つ選び、その番号を答えなさい。

(1) 液化アンモニア

(2) ダイアジノン

(3) ピクリン酸

(4) シアン化ナトリウム

a 飛散した場所の周辺にはロープを張るなどして人の立入りを禁止する。回収の際は飛散したものが乾燥しないよう、適量の水で散布して行い、また、回収物の保管、輸送に際しても十分水分を含んだ状態を保つようにする。

b 漏えいした場所の周辺にはロープを張るなどして人の立入りを禁止する。付近の着火源となるものを速やかに取り除く。漏えいした液は土砂等でその流れを止め、安全な場所に導き、空容器にできるだけ回収し、

そのあとを消石灰等の水溶液を用いて処理し、多量の水を用いて洗い流す。

c 飛散した場所の周辺にはロープを張るなどして人の立入りを禁止する。飛散したものは空容器にできるだけ回収する。砂利等に付着している場合は、砂利等を回収し、そのあとに水酸化ナトリウム、ソーダ灰等の水溶液を散布してアルカリ性（pH11以上）とし、さらに酸化剤（次亜塩素酸ナトリウム、さらし粉等）の水溶液で酸化処理を行い、多量の水を用いて洗い流す。

d 風下の人を避難させる。漏えいした場所の周辺にはロープを張るなどして人の立入りを禁止する。漏えい箇所を濡れむしろ等で覆い、ガス状のものに対しては遠くから霧状の水をかけ吸収させる。

5 次の薬物の性状として、最も適当なものを下から1つ選び、その番号を答えなさい。

(1) 塩酸

(2) (RS)−α−シアノ−3−フェノキシベンジル＝(RS)−2−(4−クロロフェニル)−3−メチルブタノアート（別名フェンバレレート）

(3) トリクロル酢酸

(4) ブロムメチル

a 常温では気体であるが、冷却圧縮すると液化しやすく、クロロホルムに類する臭気がある。

b 無色の斜方六面形結晶で、潮解性をもち、微弱の刺激臭を有する。

c 無色透明の液体で、25％以上のものは、湿った空気中でいちじるしく発煙し、刺激臭がある。

d 黄褐色の粘稠性液体で、水にほとんど溶けず、メタノール、アセトニトリル、酢酸エチルに溶けやすい。

6 次の薬物について、該当する性状をAから、鑑別方法をBから、それぞれ最も適当なものを1つ選び、その番号を答えなさい。

　　a　ホルマリン

　　b　塩化第二水銀

【A】（性状）

(1)　黒紫色または黒灰色で、金属様の光沢ある稜板状結晶。熱すると紫色の蒸気を発生するが、常温でも多少不快な臭気をもつ蒸気をはなって揮散する。

(2)　白色の透明で重い針状の結晶。粉々に砕くと、純白色の粉末となる。

(3)　無色あるいはほとんど無色透明の液体で、刺激性の臭気をもち、寒冷にあえば混濁することがある。

(4)　純品は無色透明な油状の液体で、特有の臭気がある。空気に触れて赤褐色を呈する。

【B】（鑑別方法）

(1)　溶液に石灰水を加えると、赤色の沈殿を生じる。

(2)　澱粉溶液に加えると藍色を呈し、これを熱すると退色し、冷えると再び藍色を現し、さらにチオ硫酸ソーダの溶液を加えると脱色する。

(3)　水溶液にさらし粉を加えると、紫色を呈する。

(4)　アンモニア水を加えて、強アルカリ性とし、水浴上で蒸発すると、水に溶解しやすい白色、結晶性の物質を残す。

7　次の薬物について、該当する性状をAから、鑑別方法をBから、それぞれ最も適当なものを1つ選び、その番号を答えなさい。

　　a　フェノール

　　b　亜硝酸ナトリウム

【A】（性状）

(1)　無色の光輝ある葉状結晶で、臭気なく、水に可溶、中性の反応を呈する。

(2)　無色、揮発性の液体で、特異の香気と、かすかな甘みを有する。

(3)　白色または微黄色の結晶性粉末、粒状または棒状で、水に溶けやすい。

(4) 無色の針状結晶あるいは白色の放射状結晶塊で、空気中で容易に赤変する。特異の臭気と焼くような味を有する。

【B】（鑑別方法）

(1) 希硫酸に冷時反応して分解し、褐色の蒸気を出す。

(2) 木炭とともに熱すると、メルカプタンの臭気を放つ。

(3) 水溶液に過クロール鉄溶液を加えると紫色を呈する。

(4) ベタナフトールと濃厚水酸化カリウム溶液と熱すると藍色を呈し、空気にふれて緑より褐色に変じ、酸を加えると赤色の沈殿を生じる。

毒物及び劇物の性質、貯蔵、識別、取扱方法、実地（農業品目）

1 次の文章は、２・２'－ジピリジリウム－１・１'－エチレンジブロミド（別名ジクワット）について述べたものです。誤りのあるものを選びなさい。

(1) 有機リン製剤で殺虫剤として用いられる。

(2) 淡黄色結晶で水に溶ける。

(3) アルカリ性下で不安定である。

(4) 腐食性がある。

(5) 臭素原子をもつ化合物である。

2 次の文章にあてはまる薬物を選びなさい。

a 融点36℃の白色結晶で、水に溶けにくいが、一般の有機溶媒には溶けやすい。工業製品は暗褐色の液体である。有機リン化合物であって、遅効性の殺虫剤として使用される。

b 淡黄色透明の液体で、水にほとんど溶けず、有機溶媒によく溶ける。アルカリ性で不安定、酸性で比較的安定、高温で不安定である。有機リン殺菌剤として使用される。

(1) エチルパラニトロフェニルチオノベンゼンホスホネイト（別名EPN）

(2) １－(６－クロロ－３－ピリジルメチル)－N－ニトロイミダゾリジン－２－イリデンアミン（別名イミダクロプリド）

(3) S－メチル－N－[(メチルカルバモイル)－オキシ]－チオアセトイミデート（別名メトミル）

(4) １・１'－イミノジ(オクタメチレン)ジグアニジン（別名イミノクタジン）

(5) エチルジフェニルジチオホスフェイト（別名エジフェンホス、EDDP）

次の文章は、薬物の毒性等を述べたものである。誤りのあるものを選びなさい。

(1) アンモニア水は、アルカリ性で、強い局所刺激作用を示す。

(2) ニコチンは、アセチルコリンエステラーゼの働きを阻害する。

(3) シアン化ナトリウムは、酸と反応すると有毒でかつ引火性のシアン化水素を発生する。

(4) クロルピクリンを吸入すると、血液に入ってメトヘモグロビンをつくる。

(5) 濃硫酸が人体に触れると、激しい火傷をおこさせる。

4 次の文章に該当する薬物を下から選びなさい。

　無色の結晶で、水にやや溶け、熱水に溶けやすい。殺鼠剤として用いられる劇物であるが、0.3％以下を含有する製剤で、黒色に着色され、かつ、トウガラシエキスを用いて著しくからく着味されたものは劇物から除外される。

(1) シアン酸ナトリウム

(2) 硫酸銅

(3) フッ化スルフリル

(4) 硫酸タリウム

(5) 酢酸亜鉛

5 次の薬物の性状又は用途として最も適当なものを選びなさい。

　a　（RS）－α－シアノ－3－フェノキシベンジル＝（RS）－2－（4－クロロフェニル）－3－メチルブタノアート（別名フェンバレレート）

　b　ジエチル－（2・4－ジクロルフェニル）－チオホスフェイト（別名ジクロフェンチオン、ECP）

(1) 有機シアン化合物のひとつで、黄褐色の粘稠性の液体。合成ピレスロイド系農薬として野菜や果樹等のアブラムシ類、コナガ、アオムシ、ヨ

トウムシ等の駆除に用いられる。

(2) 有機リン系化合物のひとつで、特異臭ある液体、水に難溶。タマネギバエ等土壌害虫駆除に用いられる。

(3) 稲のイネドロオイムシやみかん、りんごのハダニ類成虫などの駆除に用いられるカルバメート系の化合物で、白色の結晶で、純品は無臭だが、工業製品のものは特有の刺激臭がある。

(4) エーテル臭のある無色気体である。水、アルコール、エーテルに可溶。燻蒸消毒、殺菌剤として用いられる。

(5) 弱いメルカプタン臭のある淡褐色液体。水にきわめて溶けにくい。野菜等のネコブセンチュウ等の害虫の防除に用いられる。

6 次の薬物の貯蔵法として、最も適当なものを選びなさい。

a　シアン化カリウム
b　ブロムメチル

(1) 少量ならガラス瓶、多量ならブリキ缶あるいは鉄ドラムを用い、酸類とは離して、空気の流通のよい乾燥した冷所に密封して貯蔵する。

(2) 水に溶けやすく、風解性があるため、乾燥した冷所に密封して貯蔵する。

(3) 酸素によって分解し、殺虫力を失うので、空気と光線を遮断して貯蔵する。

(4) 常温では気体なので、圧縮冷却して液化し、圧縮容器に入れ、直射日光その他、温度上昇の原因をさけて、冷暗所に貯蔵する。

(5) 分解すると猛毒のガスを発生するため、堅固な容器に入れ密栓のうえ、風通しのよい冷暗所に貯蔵する。

7 次の薬物のうち、除草剤として用いられるものを選びなさい。

(1) 5−メチル−1・2・4−トリアゾロ［3・4−b］ベンゾチアゾール（別名トリシクラゾール）

(2) ジ(2-クロルイソプロピル)エーテル（別名DCIP）

(3) 2-エチルチオメチルフェニル-N-メチルカルバメート（別名エチオフェンカルブ）

(4) 3・4-ジメチルフェニル-N-メチルカルバメート（別名MPMC）

(5) L-2-アミノ-4-［(ヒドロキシ)(メチル)ホスフィノイル]ブチリル-L-アラニル-L-アラニンナトリウム（別名ビアラホス）

8 次の薬物が漏えいした場合の措置として最も適切な方法を選びなさい（ただし、洗い流したものは河川等に直接排出しないか、または前処理をするものとする）。

a　ジメチル-4-メチルメルカプト-3-メチルフェニルチオホスフェイト（別名フェンチオン、MPP）

b　クロルピクリン

(1) 漏えいした液は土砂等でその流れを止め、安全な場所に導き、空容器にできるだけ回収し、そのあとを消石灰等の水溶液を用いて処理し、多量の水を用いて洗い流す。洗い流す場合には中性洗剤等の分散剤を使用して洗い流す。

(2) 少量の場合は濡れむしろ等で覆い、遠くから多量の水をかけて洗い流す。多量の場合は漏えいした液は土砂等でその流れを止め、安全な場所に導いて、遠くから多量の水をかけて洗い流す。

(3) 漏えいした液が少量の場合は、布でふきとるか又はそのまま風にさらして蒸発させる。多量の場合は土砂等でその流れを止め、多量の活性炭又は消石灰を散布して覆い、至急関係先に連絡し専門家の指示により処理する。

(4) 飛散したものは速やかに掃き集めてできるかぎり空容器に回収し、多量の水を用いて洗い流す。

(5) 飛散したものは空容器にできるだけ回収する。砂利等に付着している場合は、砂利等を回収し、そのあとに水酸化ナトリウム、ソーダ灰等の水溶液を散布してアルカリ性（pH11以上）とし、さらに次亜塩素酸ナトリウム等の酸化剤で酸化処理を行い、多量の水を用いて洗い流す。

9 次の薬物のうち、液体であるものを選びなさい。

(1) エマメクチン安息香酸塩（別名アファーム）

(2) 2'・4−ジクロロ−α・α・α−トリフルオロ−4'−ニトロメタトルエンスルホンアニリド（別名フルスルファミド）

(3) O−エチル−O−（2−イソプロポキシカルボニルフェニル）−N−イソプロピルチオホスホルアミド（別名イソフェンホス）

(4) トランス−N−（6−クロロ−3−ピリジルメチル）−N'−シアノ−N−メチルアセトアミジン（別名アセタミプリド）

(5) O・O'−ジエチル＝O"−（2−キノキサリニル）＝チオホスファート（別名キナルホス）

10 次の文章は、ある薬物の鑑識法について述べたものである。該当する薬物の組み合わせとして正しいものを選びなさい。

ア　この薬物から発生したガスの検知法としては、5～10％硝酸銀溶液をろ紙に吸着させたものをもって検定し、ろ紙が黒変することにより、存在を知ることができる。

イ　この薬物のエーテル溶液に、ヨードのエーテル溶液を加えると、褐色の液状沈殿を生じ、これを放置すると、赤色の針状結晶となる。

	ア	イ
(1)	塩化亜鉛	ニコチン
(2)	塩化亜鉛	アンモニア水
(3)	リン化アルミニウム	ニコチン
(4)	アンモニア水	塩化亜鉛
(5)	リン化アルミニウム	塩化亜鉛

11 次の薬物の解毒・治療剤として、最も適当なものの数字を選びなさい。

a　エチルパラニトロフェニルチオノベンゼンホスホネイト（別名EPN）

b　ヘキサクロルヘキサヒドロメタノベンゾジオキサチエピンオキサイ
　　　ド（別名エンドスルファン、ベンゾエピン）

(1)　チオ硫酸ナトリウム

(2)　ジメルカプロール（別名BAL）

(3)　エチレンジアミン四酢酸ナトリウム（別名EDTA）

(4)　2－ピリジルアルドキシムメチオダイド（別名PAM）

(5)　バルビタール製剤

12　次の文章は、硫酸第二銅について述べたものである。（　　）
　　　　にあてはまる語句の組み合わせとして最も適当なものを選びな
さい。

　　五水和物は、濃い（　ア　）の結晶で風解性があり、水に溶けやす
　い。鑑識法としては、水に溶かして硝酸バリウムを加えると、（　イ　）
　の硫酸バリウムの沈殿を生ずる。

　　　　ア　　　イ

(1)　緑色　　淡黄色

(2)　藍色　　白色

(3)　緑色　　淡黄色

(4)　灰色　　白色

(5)　藍色　　黒色

13　次の文章は、2－イソプロピル－4－メチルピリミジル－6－
　　　　ジエチルチオホスフェイト（別名ダイアジノン）について述べ
たものである。誤りのあるものを選びなさい。

(1)　特異臭のある液体であり、水にほとんど溶けず、有機溶剤に溶けやす
　　い。

(2)　有機リン系の殺虫剤で、ニカメイチュウ、サンカメイチュウ、クロカ
　　メムシの駆除に用いられる。

(3)　液剤が漏えいした場合は、付近の着火源となるものを速やかに取り除
　　き、作業の際には必ず保護具を着用し、風下で作業をしない。

⑷　廃棄する場合は、木粉（おがくず）等に吸収させ、アフターバーナー
　　及びスクラバーを備えた焼却炉で焼却する。

⑸　中毒者に対しては、安静にさせ新鮮な空気の場所に移し、ジメルカプ
　　ロール（別名BAL）を用いた治療を受けさせる。

毒物及び劇物の性質、貯蔵、識別、取扱方法、実地（特定品目）

1 次の①～⑦に示す毒物または劇物の貯蔵法として最も適当なものを、下のア～キからそれぞれ1つ選びなさい。

① 四塩化炭素

② 過酸化水素水

③ メチルエチルケトン

④ クロロホルム

⑤ 塩化水素

⑥ 水酸化カリウム

⑦ ケイフッ化ナトリウム

ア 二酸化炭素と水を強く吸収するため、密栓して貯蔵する。

イ 冷暗所に貯える。純品は空気と日光によって変質するので、少量のアルコールを加えて分解を防止する。

ウ ガラス容器以外のものに入れて貯蔵する。

エ 少量ならば褐色ガラス瓶、大量ならばカーボイなどの保存瓶を使用し、3分の1の空間を保って貯蔵する。日光の直射を避け、有機物、金属塩、樹脂、油類、その他有機性蒸気を放出する物質と引き離して、冷所に貯蔵する。

オ 揮発性が大きく極めて引火しやすいので、熱源や着火源から離れた風通しのよい乾燥した場所に貯蔵する。

カ 亜鉛又はスズめっきをした鋼鉄製容器で保管し、高温に接しない場所に貯蔵する。

キ 湿った空気中で激しく発煙するので、密栓して貯蔵する。

2 次の①～⑤に示す毒物または劇物の用途として最も適当なものを、下のア～オからそれぞれ1つ選びなさい。

① シュウ酸

② ホルムアルデヒド

③　過酸化水素

④　ケイフッ化ナトリウム

⑤　硝酸

ア　漂白剤、消毒剤

イ　鉄さびのしみ抜き

ウ　殺菌剤、合成樹脂の原料

エ　爆薬の原料

オ　釉薬（うわぐすり）

3　次の①〜⑥に示す毒物または劇物の人体に対する影響について、最も該当するものを下のア〜カからそれぞれ1つ選びなさい。

①　シュウ酸

②　四塩化炭素

③　硫酸

④　メチルエチルケトン

⑤　メタノール

⑥　クロロホルム

ア　皮膚に触れた場合、皮膚を刺激して乾性の炎症（鱗状症）を起こす。

イ　皮膚に触れると、激しいやけどを起こす。

ウ　頭痛、めまい、嘔吐などの他、視神経がおかされて失明することがある。

エ　血液中の石灰分を奪取し、神経系をおかす。

オ　強い麻酔作用があり、めまい、頭痛、吐き気をきたす。

カ　頭痛、悪心をきたし、黄疸のように角膜が黄色となる。

4　次の記述について、正しいものに○印、誤っているものに×印を選びなさい。

①　5％過酸化水素水は劇物である

②　トルエンを含むシンナーは劇物である

③　キシレンは水にほとんど溶けない

④　５％ホルムアルデヒドは劇物から除外される

⑤　水酸化ナトリウムの水溶液はアルカリ性を示す

⑥　クロロホルムは不燃性の液体である

⑦　クロム酸鉛70％以下を含有する製剤は劇物から除外される

5　次の①～⑦に示す毒物または劇物を廃棄するのに最も適当な方法を、下のア～キからそれぞれ１つ選びなさい。

①　メタノール

②　シュウ酸

③　ホルムアルデヒド

④　酸化水銀

⑤　硫酸

⑥　アンモニア水

⑦　クロロホルム

ア　水で希薄な水溶液とし、酸で中和させた後、多量の水で希釈して処理する。

イ　ケイソウ土等に吸収させて開放型の焼却炉で少量ずつ焼却する。

ウ　水に懸濁し硫化ナトリウムの水溶液を加えて硫化物の沈殿を生成後、セメントを加えて固化し、溶出試験を行い、溶出量が判定基準以下であることを確認して埋立処分する。

エ　過剰の可燃性溶剤又は重油等の燃料と共に、アフターバーナー及びスクラバーを具備した焼却炉の火室へ噴霧して、できるだけ高温で焼却する。

オ　ナトリウム塩とした後、活性汚泥で処理する。

カ　徐々に石灰乳などの撹拌溶液に加えて中和させた後、多量の水で希釈して処理する。

キ　多量の水を加えて希薄な水溶液とした後、次亜塩素酸塩水溶液を加え分解させ廃棄する。

6 次の①～⑥に示す毒物または劇物のうち、特定品目販売業者が販売可能な品目には○印を、そうでない品目には×印を選びなさい。

① 塩酸

② アンモニア

③ クロロホルム

④ 塩基性塩化銅

⑤ フッ化イオウ

⑥ ピクリン酸

7 次の①～⑦に示す毒物または劇物の鑑定方法について、最も適当なものを下のア～キからそれぞれ1つ選びなさい。

① シュウ酸

② 一酸化鉛

③ 塩酸

④ クロロホルム

⑤ 四塩化炭素

⑥ アンモニア水

⑦ ホルマリン

ア アルコール溶液に水酸化カリウム溶液と少量のアニリンを加えて熱すると、不快な刺激臭を放つ。

イ 硝酸銀水溶液を加えると白色沈殿を生ずる。

ウ 希硝酸に溶かすと無色の液となり、これに硫化水素を通じると黒色の沈殿を生ずる。

エ 硝酸を加え、さらにフクシン亜硫酸溶液を加えると、藍紫色を呈する。

オ アルコール性の水酸化カリウム溶液と銅粉とともに煮沸すると黄赤色の沈殿を生ずる。

カ 濃塩酸をうるおしたガラス棒を近づけると白い霧を生じる。

キ 水溶液をアンモニア水で弱アルカリ性にして塩化カルシウムを加える

と白色の沈殿を生ずる。

8 次の①～⑤に示す毒物または劇物の代表的な性状について、最も適当なものを下のア～オからそれぞれ1つ選びなさい。

① 塩素

② 酢酸エチル

③ ホルマリン

④ クロム酸ナトリウム

⑤ アンモニア

ア 強い息が詰まるような刺激臭のある無色の気体。冷却または圧縮により液化する。強いアルカリ性を示す。

イ 窒息性の臭気をもつ緑黄色の気体。冷却すると液化し、さらに固体となる。

ウ 十水和物は黄色結晶でやや潮解性がある。水によく溶け、その液はアルカリ性を示す。

エ 無色透明の液体で強い果実様の臭気がある。

オ 無色の液体で刺激臭があり、低温では混濁または沈殿が生じることがある。

毒物劇物取扱者試験

解答・解説

毒物及び劇物に関する法規
（一般・農業用品目・特定品目共通）

1 **解答** (1) ×　(2) ○　(3) ×　(4) ×　(5) ×

解説　毒物及び劇物取締法は、保健衛生上の見地から必要な取締を行うことを目的としています。また、同法で毒物および劇物とは、それぞれ別表第1、別表第2に掲げる物であって、医薬品および医薬部外品以外のものをいいます。

2 **解答** (1) ×　(2) ×　(3) ×　(4) ○　(5) ×

a　特定毒物とは、毒物の中で特に作用の激しいものをいいます。

b　申請書の提出先は所在地の都道府県知事または市区長となります。

d　特定毒物使用者は特定毒物を製造することができません。

3 **解答** (1) ×　(2) ×　(3) ○　(4) ×　(5) ×

解説　興奮、幻覚、麻酔の作用持つ毒物・劇物として、原体で指定されている物質はトルエンのみのため、酢酸エチル、メタノールのある組み合わせは×となります。

4 **解答** (1) ×　(2) ×　(3) ○　(4) ×　(5) ×

(1)　35％以上含有する場合、劇物として指定されます。

(2)　毒物・劇物に指定されている物質ではありません。

(4)　トルエンは興奮、幻覚、麻酔の作用を有する劇物となります。

(5)　黄リンは毒物ですが、毒劇法第3条の4およびこれに基づく政令で規定されている物質ではありません。

5 解答 (1) ✕ (2) ○ (3) ✕ (4) ✕ (5) ✕

解説 ｂとｄは毒物劇物営業者ではありません。

6 解答 (1) ○ (2) ✕ (3) ✕ (4) ✕ (5) ✕

解説 ａ 施錠できる設備もしくは周囲に堅固な柵等が必要となります。

7 解答 (1) ✕ (2) ✕ (3) ✕ (4) ✕ (5) ○

ａ 販売業の登録の更新は、登録の日から起算して6年を経過する日の1ヵ月前までに行う必要があります。

ｃ 販売業の登録の種類は、一般販売業、農業用品目販売業、特定品目販売業の3種となります。

8 解答 (1) ✕ (2) ○ (3) ✕ (4) ✕

イ 学術研究のためであれば、特定毒物を製造できます。

ウ 更新制度はありません。

9 解答 (1) ○ (2) ✕ (3) ○ (4) ○ (5) ○

Ｃ 農業用品目販売業は農業上必要な毒物・劇物のうち、施行規則で定められている品目のみ（約120品目）を販売することができます。

Ｅ 特定品目毒物劇物取扱者試験の合格者は特定品目のみを取り扱う輸入業の営業所または販売業の店舗においてのみ毒物劇物取扱責任者となることができます。

10 解答 (1) ✕ (2) ✕ (3) ✕ (4) ○ (5) ✕

解説 ａ、ｄは届出の必要がありません。

11 解答 (1) ○ (2) ✕ (3) ✕ (4) ✕ (5) ✕

解説 すべての劇物について、通常飲食物の容器として使用される物を容器に使用することはできません。

12 解答 (1) ✕ (2) ○ (3) ✕ (4) ✕

解説 毒物または劇物の容器および被包に、「医薬用外」の文字および毒物については赤地に白色をもって「毒物」の文字、劇物については白地に赤色をもって「劇物」の文字を表示しなければなりません。

また、容器および被包に表示しなければならない事項は、毒物または劇物の名称、成分およびその含量、さらに、厚生労働省令で定める毒物または劇物については、それぞれ厚生労働省令で定めるその解毒剤の名称とな

ります。

13 解答 (1) × (2) × (3) ○ (4) × (5) ×

解説 興奮、幻覚または麻酔の作用を有する毒物・劇物（これらを含有する物を含む）で政令に定めるものは、みだりに摂取、吸入、またはこれらの目的で所持してはなりません。

14 解答 (1) × (2) × (3) × (4) ○ (5) ×

a 正しくは18歳未満の者です。

b 毒劇法による規定はありません。

15 解答 (1) × (2) ○ (3) × (4) × (5) ×

解説 正しくは警察署です。

16 解答 (1) × (2) × (3) × (4) ○ (5) ×

解説 保存期間は販売の日から5年間となります。

17 解答 (1) × (2) × (3) × (4) ○ (5) ×

解説 毒物及び劇物取締法の規定では、毒物劇物製造業者が自ら製造した劇物を、毒物または劇物の販売業者に販売する際、劇物の使用目的は書面に記載しておく必要がありません。

18 解答 (1) × (2) × (3) ○ (4) × (5) ×

解説 a、b、cにあてはまる語句は、それぞれ、加水分解、揮発、1メートルとなります。

19 解答 (1) × (2) ○ (3) × (4) × (5) ×

解説 c 正しくは、地が黒色で、文字が白色です。

20 解答 (1) ○ (2) × (3) × (4) × (5) ×

c 必須記載事項ではありません。

d 運送人の承諾が必要となります。

基礎化学
(一般・農業用品目・特定品目共通)

1 解答 A (4) B (7) C (10) D (6) E (2)

解説 A〜Eに入る語句は、それぞれ昇華、潮解、気化、風解、比重となります。

2 解答 (1) ○ (2) × (3) × (4) ×

B 金属結合は金属原子の最外殻の一部が重なり合うことで、各原子の価電子が自由に動き回れる状態の化学結合をいいます。

C 一般には組成式を用いて表示されます。

D この内容は構造式の表示方法です。

3 解答 (1) ○ (2) × (3) × (4) × (5) ×

解説 求める体積をXとして、設問の条件をボイル・シャルルの法則にあてはめると、

$$\frac{1\,(atm) \times 5.0\,(\ell)}{300\,(K)} = \frac{3\,(atm) \times X\,(\ell)}{360\,(K)}$$

これにより X = 2.0 (ℓ) となります。

4 解答 (1) ○ (2) × (3) × (4) × (5) ×

解説 1 atmの空気が18℃の水に接しているとき、水に溶ける酸素と窒素の物質量の比は、0.032㎖×1 : 0.016㎖×4 となります。

5 解答 (1) × (2) × (3) ○ (4) × (5) ×

解説 元の水溶液中の硫酸は、150 (g) × 0.25 = 37.5 (g)

そこで必要な水の量をXとすると、$\frac{37.5}{150 + X} = 0.15$

これにより X = 100 (g) となります。

6 解答 (1) × (2) ○ (3) × (4) × (5) ×

解説 必要な固体の水酸化ナトリウム量をXとすると、

$\frac{X}{200} = 0.15$ これにより X = 30 (g) となります。

第
1
回

解
答
・
解
説

7 　解答　(1)　×　　(2)　○　　(3)　×　　(4)　×　　(5)　×

解説　生成したH_2O、CO_2がそれぞれ0.001molなので、質量保存の法則により化合物も0.001molあったことになります。これにより、1molが30gとなるCH_2Oが答えとなります。

8 　解答　(1)　×　　(2)　○　　(3)　×　　(4)　×　　(5)　×

解説　ヘスの法則により以下の式が成り立ちます。

　$C(黒鉛) + O_2(気体) = CO(気体) + 1/2O_2 - 283kJ + 394kJ$

　これにより　$C(黒鉛) + 1/2O_2(気体) = CO(気体) + 111kJ$

となります。

9 　解答　(1)　×　　(2)　×　　(3)　×　　(4)　×　　(5)　○

解説　a、b、dの水溶液は塩基性を示します。

10 　解答　(1)　×　　(2)　×　　(3)　×　　(4)　○　　(5)　×

解説　求める容量を$V\ell$とすると、

　$0.20(mol/\ell) \times 0.02(\ell) = 0.20(mol/\ell) \times V(\ell)$

　これにより　$V = 0.02(\ell) = 20m\ell$　となります。

11 　解答　(1)　×　　(2)　×　　(3)　○　　(4)　×

解説　酸化数の変化はそれぞれ、銅原子$(Cu) + 2 \to 0$、酸素原子$(O) - 2 \to -2$、炭素原子$(C) 0 \to +4$なので、酸化数の増加している炭素原子が正解となります。

12 　解答　(1)　×　　(2)　×　　(3)　×　　(4)　×　　(5)　○

解説　Arはアルゴン、Asはヒ素、Seはセレン、Pdはパラジウム、Moはモリブデンです。

13 　解答　(1)　×　　(2)　×　　(3)　×　　(4)　○　　(5)　×

　a　アルカリ土類金属元素です。

　b　湿った空気中に放置すると潮解します。

　e　塩素は黄緑色の気体です。

14 　解答　(1)　×　　(2)　×　　(3)　×　　(4)　×　　(5)　○

解説　aの記述からイオン化傾向はA、C、E＞B、Dと判明。また、bの記述よりE＞A、さらにイオン化傾向の小さいほうが正極となることからA＞C、これによりイオン化傾向は金属Eが一番大きくなります。

15 解答 (1) ×　(2) ×　(3) ×　(4) ×　(5) ○

解説　両極での反応は以下のようになります。

陽極　$2\,Cl^- \rightarrow Cl_2 + 2\,e^-$

陰極　$2\,H_2O + 2\,e^- \rightarrow H_2 + 2\,OH^-$

16 解答 (1) ○　(2) ×　(3) ×　(4) ×　(5) ×

解説　a、b、cの物質はすべて気体であり、またbの水溶液が弱酸性を、cの水溶液が弱アルカリ性を呈することより、記述を満たす分子式は(1)となります。

17 解答 (1) ×　(2) ×　(3) ○　(4) ×

解説　エタノールを濃硫酸と過熱すると、160 ～ 170℃では主としてエチレンが生成します。

$C_2H_5OH \rightarrow C_2H_4 + H_2O$

18 解答 (1) ×　(2) ×　(3) ×　(4) ○　(5) ×

解説　a、b、c各物質の記述より(4)の組み合わせが正解となります。

19 解答 (1) ○　(2) ×　(3) ×　(4) ×　(5) ×

解説　a、b、c各物質の記述より(1)の組み合わせが正解となります。

毒物及び劇物の性質、貯蔵、識別、取扱方法、実地など（一般）

1　解答　(1)　c　　(2)　a　　(3)　b　　(4)　d

解説　(2)　クレゾールは消毒・殺菌の目的で用いられるのが特徴となります。

2　解答　(1)　a　　(2)　c　　(3)　d　　(4)　b

解説　(3)　高濃度のキシレンは興奮・麻酔作用を有します。

3　解答　(1)　b　　(2)　a　　(3)　d　　(4)　c

解説　(3)　ギ酸は強酸のため、少量ずつ強アルカリで中和します。

4　解答　(1)　d　　(2)　b　　(3)　a　　(4)　c

解説　(3)　ピクリン酸の回収・保管は乾燥させないことが重要です。

5　解答　(1)　c　　(2)　d　　(3)　b　　(4)　a

解説　(4)　常温で気体、冷却圧縮すると液化、クロロホルム様の臭気がブロムメチルの特徴です。

6　解答　a【A】(3)【B】(4)　　b【A】(2)【B】(1)

解説　a　ホルマリンは無色透明の液体で刺激臭を有し、強アルカリ性にして水浴上で蒸発させると水溶性の物質を析出します。

7　解答　a【A】(4)【B】(3)　　b【A】(3)【B】(1)

解説　a　空気中で容易に赤変、特異な臭気、水溶液に過クロール鉄溶液を加えると紫色に変化、はフェノールの特徴です。

毒物及び劇物の性質、貯蔵、取扱方法、実地
（農業品目）

1 **解答** (1) ✕ (2) ○ (3) ○ (4) ○ (5) ○

解説 (1) ビピリジニウム系に分類される非選択形除草剤の１つです。

2 **解答** a (1) b (5)

解説 a 白色結晶、水に溶けにくい、一般の有機溶媒には溶けやすい、工業製品は暗褐色の液体、有機リン化合物などがEPNの特徴です。

3 **解答** (1) ○ (2) ✕ (3) ○ (4) ○ (5) ○

解説 (2) ニコチンは、アセチルコリン受容体とアセチルコリンの結合を阻害します。

4 **解答** (1) ✕ (2) ✕ (3) ✕ (4) ○ (5) ✕

解説 硫酸タリウムについては、黒色に着色した上で、トウガラシエキスを用いて著しくからく着味されたものは劇物から除外されます。

5 **解答** a (1) b (2)

解説 a フェンバレレートは有機シアン化合物で、黄褐色の粘稠性液体という特徴があります。

6 **解答** a (1) b (4)

解説 b 常温では気体のブロムメチルは、圧縮冷却して液化したのち、圧縮容器で、直射日光ほか温度上昇の原因を避け、冷暗所に貯蔵します。

7 **解答** (1) ✕ (2) ✕ (3) ✕ (4) ✕ (5) ○

解説 (5)のビアラホス以外は殺虫剤として用いられます。

8 **解答** a (1) b (3)

解説 b 必要があれば、水で濡らした手ぬぐい等で口や鼻を覆います。

9 **解答** (1) ✕ (2) ✕ (3) ○ (4) ✕ (5) ✕

解説 (3) イソフェンホスは農薬に用いられる無色の液体です。

10 **解答** (1) ✕ (2) ✕ (3) ○ (4) ✕ (5) ✕

ア 発生したリン化水素ガスは硝酸銀溶液を黒変させます。

イ ニコチンのエーテル溶液に、ヨードのエーテル溶液を加えると、褐色の液状沈殿を生じ、放置すると赤色の針状結晶となります。

11 　　解答　a　(4)　　b　(5)

解説　a　このほか硫酸アトロピン製剤の投与などがあります。

12 　　解答　(1) ×　　(2) ○　　(3) ×　　(4) ×　　(5) ×

解説　硫酸第二銅の五水和物は藍色の結晶で、水溶液中でバリウムイオンと反応すると白色の沈殿を生じます。

13 　　解答　(1) ○　　(2) ○　　(3) ○　　(4) ○　　(5) ×

解説　(5)　正しくはPAM（2－ピリジルアルドキシムメチオダイド）または硫酸アトロピン製剤を用いた治療を受けさせます。

毒物及び劇物の性質、貯蔵、識別、取扱方法、実地など（特定品目）

1　解答　① カ　② エ　③ オ　④ イ　⑤ キ　⑥ ア　⑦ ウ

解説　①　四塩化炭素の保管は亜鉛またはスズめっきをした鋼鉄製容器で、高温に接しない場所に貯蔵します。⑦　ケイフッ化ナトリウムはガラス容器以外のものに入れて貯蔵します。

2　解答　① イ　② ウ　③ ア　④ オ　⑤ エ

解説　アが漂白剤、消毒剤で、イが鉄さびのしみ抜きであることから、ここでは①のシュウ酸にイを、③の過酸化水素にアを選びます。

3　解答　① エ　② カ　③ イ　④ ア　⑤ ウ　⑥ オ

解説　①のシュウ酸およびシュウ酸塩類の毒性は血液中の石灰分を奪います。また、④のメチルエチルケトンは皮膚接触により鱗状症を引き起こすのが特徴です。

4　解答　① ×　② ×　③ ○　④ ×　⑤ ○　⑥ ○　⑦ ○

　　①　6％以下を含む製剤は普通物となります。

　　④　1％を超えて含有する製剤は劇物となります。

5　解答　① イ　② オ　③ キ　④ ウ　⑤ カ　⑥ ア　⑦ エ

解説　①のメタノールはケイソウ土などに吸収させ、少量ずつ開放型の焼却炉で焼却させます。④の酸化水銀は沈殿後、セメントで固化する沈殿隔離法を用います。

6　解答　① ○　② ○　③ ○　④ ×　⑤ ×　⑥ ×

解説　塩基性塩化銅、フッ化イオウ、ピクリン酸は特定品目に含まれない物質です。

7　解答　① キ　② ウ　③ イ　④ ア　⑤ オ　⑥ カ　⑦ エ

解説　①のシュウ酸はアンモニア塩基性下でシュウ酸カルシウムを、②の一酸化鉛は希硝酸溶解後、硫化水素と反応して硫化鉛を、それぞれ沈殿します。

8　解答　① イ　② エ　③ オ　④ ウ　⑤ ア

解説　②の酢酸エチルは芳香族化合物特有の強い果実臭が特徴。また、十

水和物で黄色結晶、やや潮解性あり、溶液がアルカリ性となるのはクロム酸ナトリウムの特徴です。

毒物及び劇物に関する法規
（一般・農業用品目・特定品目共通）

1 次の記述のうち、法律の条文に照らして、正しいものを下から1つ選び、その番号を答えなさい。

(1) この法律は、毒物及び劇物について、犯罪防止上の見地から必要な取締を行うことを目的としている。

(2) この法律で、「毒物」とは、別表第一に掲げる物であって、医薬品、医薬部外品及び化粧品以外のものをいう。

(3) この法律で、「劇物」とは、別表第二に掲げる物であって、医薬品及び医薬部外品以外のものをいう。

(4) この法律で、「特定毒物」とは、毒物及び劇物であって、別表第三に掲げるものをいう。

2 次のうち、法律の条文に照らして、毒物に該当するものはどれか。下から1つ選び、その番号を答えなさい。

(1) 過酸化水素　　(2) アセトン　　(3) 無水クロム酸　　(4) 黄リン

3 次のうち、法律の条文に照らして、特定毒物に該当するものはどれか。下から1つ選び、その番号を答えなさい。

(1) シアン化ナトリウム　　(2) チオセミカルバジド　　(3) ヒ素
(4) テトラエチルピロホスフェイト（別名TEPP）

4 次のうち、法律第3条の3の規定に基づき、興奮、幻覚又は麻酔の作用を有する毒物又は劇物（これらを含有する物を含む。）として、政令で定められていないものを下から1つ選び、その番号を答えなさい。

(1) キシレンを含有するシンナー　(2) 酢酸エチルを含有するシンナー
(3) メタノールを含有するシンナー　(4) トルエンを含有するシンナー

5 次のうち、法律第3条の4の規定により、引火性、発火性又は爆発性のある毒物又は劇物であって、業務その他正当な理由による場合を除いて、所持してはならないものとして、政令で定めるものはどれか。下から1つ選び、その番号を答えなさい。

(1) ピクリン酸　　　　(2) 亜硝酸カリウム
(3) 水酸化ナトリウム　(4) 酢酸エチル

6 法律第3条の2第5項の規定により、特定毒物使用者は、特定毒物を品目ごとに政令で定める用途以外の用途に供してはならないとされているが、次の特定毒物とその用途に関する記述のうち、正しいものを下から1つ選び、その番号を答えなさい。

(1) 四アルキル鉛を含有する製剤の用途として、倉庫内、コンテナ内または船倉内におけるねずみ、昆虫等の駆除がある。
(2) ジメチルエチルメルカプトエチルチオホスフェイト（別名メチルジメトン）を含有する製剤の用途として、しろありの駆除がある。
(3) リン化アルミニウムとその分解促進剤とを含有する製剤の用途として、ガソリンへの混入がある。
(4) モノフルオール酢酸アミドを含有する製剤の用途として、かんきつ類、りんご、なし、桃またはかきの害虫の防除がある。

7 次のア～エの記述のうち、法律の条文に照らして、正しいものはいくつあるか。下から1つ選び、その番号を答えなさい。

ア　毒物又は劇物の製造業者は、毒物又は劇物の製造のために、特定毒

物を使用することができる。

イ　毒物又は劇物を販売の目的ではなく、授与のために製造するときは、毒物又は劇物の製造業の登録を受けなくてよい。

ウ　製造業又は輸入業の登録は、５年ごとに、更新を受けなければ、その効力を失う。

エ　毒物又は劇物の輸入業者が、その輸入した毒物又は劇物を他の毒物劇物営業者に販売するときは、毒物又は劇物の販売業の登録を必ず受けなければならない。

(1)　一つ　　(2)　二つ　　(3)　三つ　　(4)　四つ

8　次のア～エの記述のうち、法律の条文に照らして、正しいものはいくつあるか。下から１つ選び、その番号を答えなさい。

ア　毒物又は劇物の販売業の登録は、店舗ごとに受けなければならない。

イ　一般販売業の登録を受けた者は、特定毒物を販売することはできない。

ウ　都道府県知事は、毒物又は劇物の販売業の登録を受けようとする者の設備が、厚生労働省令で定める基準に適合しないと認めるときは、登録をしてはならない。

エ　特定品目販売業の登録を受けた者は、特定品目に加え、農業用品目も販売することができる。

(1)　一つ　　(2)　二つ　　(3)　三つ　　(4)　四つ

9　毒物劇物取扱責任者に関する記述の正誤について、正しい組み合わせはどれか。

a　大学の薬学部を卒業した者は、薬剤師でなくても、毒物劇物取扱責任者になることができる。

b　農業用品目毒物劇物取扱者試験に合格した者は、毒物又は劇物販売業の特定品目販売業として登録している店舗の毒物劇物取扱責任者になることができる。

c 毒物又は劇物の一般販売業の登録を受けた店舗であっても、農業用品目に該当する毒物又は劇物のみを取り扱う場合は、農業用品目毒物劇物取扱者試験に合格した者が、その店舗の毒物劇物取扱責任者になることができる。

d 一般毒物劇物取扱者試験に合格した者は、同一経営者が営業する異なる市にある毒物又は劇物の一般販売業の登録を受けた2つの店舗の毒物劇物取扱責任者を兼ねることができる。

	a	b	c	d
(1)	正	正	正	正
(2)	正	正	誤	誤
(3)	正	誤	誤	誤
(4)	誤	正	正	誤
(5)	誤	誤	誤	正

10 次の記述のうち、法律の条文に照らして、正しいものはどれか。下から1つ選び、その番号を答えなさい。

(1) 毒物劇物営業者は、毒物劇物取扱責任者を変更したときは、厚生労働大臣又は都道府県知事に50日以内にその毒物劇物取扱責任者の氏名を届け出なければならない。

(2) 20歳未満の者は、毒物劇物取扱責任者となることはできない。

(3) 特定品目毒物劇物取扱者試験に合格した者は、特定品目を製造する毒物又は劇物の製造業の毒物劇物取扱責任者となることができる。

(4) 農業用品目毒物劇物取扱者試験に合格した者は、法律第4条の3第1項の厚生労働省令で定める毒物若しくは劇物のみを取り扱う輸入業の営業所若しくは農業用品目販売業の店舗においてのみ、毒物劇物取扱責任となることができる。

11 次のうち、法律第22条の規定により、業務上取扱者の届出が必要でない事業を下から1つ選び、その番号を答えなさい。

(1) 硫酸銅を用いて、電気めっきを行う事業

(2) シアン化ナトリウムを用いて、金属熱処理を行う事業

(3) 亜ヒ酸を用いて、しろあり防除を行う事業

(4) 最大積載量が6000キログラムの自動車に固定された容器を用いて、クロルスルホン酸の運送を行う事業

12 次のア〜エの記述のうち、法律第10条の規定により、法人である毒物劇物営業者が30日以内にその旨を届け出なければならないものはいくつあるか。下から1つ選び、その番号を答えなさい。

ア　法人の業務を行う役員を変更したとき。

イ　主たる事務所の所在地を変更したとき。

ウ　製造所、営業所又は店舗の名称を変更したとき。

エ　登録に係る毒物又は劇物の品目（当該品目の製造又は輸入を廃止した場合に限る。）を変更したとき。

(1)　一つ　　(2)　二つ　　(3)　三つ　　(4)　四つ

13 次の記述のうち、法律の条文に照らして、誤っているものはどれか。下から1つ選び、その番号を答えなさい。

(1) 毒物劇物営業者は、毒物又は劇物が盗難にあい、又は紛失することを防ぐのに必要な措置を講じなければならない。

(2) 毒物劇物営業者は、毒物又は劇物が、その製造所、営業所若しくは店舗の外に飛散し、漏れ、流れ出、又はしみ出ることを防ぐのに必要な措置を講じなければならない。

(3) 毒物又は劇物を業務上取り扱う農家は、厚生労働省令で定める劇物については、飲食物の容器として、通常使用される物に移し替えて使用してもよい。

(4) 毒物劇物営業者は、毒物又は劇物を直接に取り扱う製造所、営業所又は店舗ごとに、専任の毒物劇物取扱責任者を置き、毒物又は劇物による保健衛生上の危害の防止に当たらせなければならない。ただし、自ら毒物劇物取扱責任者として毒物又は劇物による保健衛生上の危害の防止に当たる製造所、営業所又は店舗については、この限りでない。

14 次の記述のうち、**毒物または劇物の販売業の店舗の設備の基準**に関して、誤っているものはどれか。下から１つ選び、その番号を答えなさい。

(1) 毒物または劇物とその他の物とを区分して貯蔵できるものであること。

(2) 毒物または劇物を陳列する場所には、かぎをかける設備もしくは周囲に堅固な柵等を設ける必要はないこと。

(3) 貯水池その他容器を用いないで毒物または劇物を貯蔵する設備は、毒物または劇物が飛散し、地下にしみ込み、または流れ出るおそれがないものであること。

(4) 毒物または劇物の運搬用具は、毒物または劇物が飛散し、漏れ、またはしみ出るおそれがないものであること。

15 **毒物または劇物の表示に関する記述の正誤について、正しい組み合わせはどれか。**

a 毒物劇物営業者は、毒物の容器及び被包に、「医薬用外」の文字及び黒地に白色をもって「毒物」の文字を表示しなければならない。

b 毒物又は劇物の販売業者は、毒物を貯蔵する場所に、「医薬用外」の文字及び「毒物」の文字を表示しなければならない。

c 毒物又は劇物を業務上取り扱う者は、劇物を貯蔵する場所に、「医薬用外」の文字及び「劇物」の文字を表示しなくてもよい。

d 毒物劇物営業者は、劇物の容器及び被包に、「医薬用外」の文字及び白地に赤色をもって「劇物」の文字を表示しなければならない。

	a	b	c	d
(1)	正	正	正	正
(2)	正	正	誤	誤
(3)	誤	正	誤	正
(4)	誤	誤	正	誤
(5)	誤	誤	誤	誤

16 法律第12条第２項第４号、厚生労働省令第11条の６の規定により、毒物又は劇物の製造業者又は輸入業者が、その製造し、又は輸入した塩化水素又は硫酸を含有する製剤たる劇物（住宅用の洗浄剤で液体状のものに限る。）を販売し、又は授与するときに、使用上特に必要な表示事項として、定められていないものはどれか。下から１つ選び、その番号を答えなさい。

(1) 皮膚に触れた場合には、石けんを使ってよく洗うべき旨

(2) 小児の手の届かないところに保管しなければならない旨

(3) 使用の際、手足や皮膚、特に眼にかからないように注意しなければならない旨

(4) 眼に入った場合は、直ちに流水でよく洗い、医師の診断を受けるべき旨

17 次のうち、法律第13条の規定に基づき、毒物劇物営業者が、あせにくい黒色で着色しなければ、農業用として販売できないものはどれか。下から１つ選び、その番号を答えなさい。

(1) ケイフッ化バリウムを含有する製剤たる劇物

(2) 塩化第一水銀を含有する製剤たる劇物

(3) ロテノンを含有する製剤たる劇物

(4) 硫酸タリウムを含有する製剤たる劇物

18 毒物劇物営業者は、法律第14条第２項の規定に基づき、毒物劇物営業者以外の者に毒物又は劇物を販売するとき、譲受人から、譲受人が押印した書面の提出を受ける場合は、その書面に必ず記載すべき事項として、次のア〜エのうち、正しい組み合わせのものは、どれか。下から１つ選び、その番号を答えなさい。

ア　毒物又は劇物の名称及び数量

イ　毒物又は劇物の使用目的

ウ　販売又は授与の年月日

エ　譲受人の氏名、職業及び住所（法人にあっては、その名称及び主た

る事務所の所在地）

(1)　（ア、ウ、エ）　　(2)　（イ、ウ、エ）

(3)　（ア、イ、エ）　　(4)　（ア、イ、ウ）

19 政令第40条の９第１項の規定により、毒物劇物営業者は、毒物又は劇物を販売し、又は授与するときは、その販売し、又は授与する時までに、譲受人に対し、当該毒物又は劇物の性状及び取扱いに関する情報を提供する場合に、その情報の内容として、必要でないものはどれか。下から１つ選び、その番号を答えなさい。

(1)　用途

(2)　取扱い及び保管上の注意

(3)　安定性及び反応性

(4)　暴露の防止及び保護のための措置

20 次の記述は、法律第15条の条文である。（　　）の中にあてはまる正しい語句の組み合わせを下から１つ選び、その番号を答えなさい。

第15条　毒物劇物営業者は、毒物又は劇物を次に掲げる者に交付してはならない。

一　（　ア　）歳未満の者

二　心身の障害により毒物又は劇物による保健衛生上の危害の防止の措置を適正に行うことができない者として厚生労働省令で定めるもの

三　麻薬、（　イ　）、あへん又は覚せい剤の中毒者

2　毒物劇物営業者は、厚生労働省令の定めるところにより、その交付を受ける者の（　ウ　）を確認した後でなければ、第３条の４に規定する政令で定める物を交付してはならない。

3　毒物劇物営業者は、帳簿を備え、前項の確認をしたときは、厚生労働省令の定めるところにより、その確認に関する事項を記載しなければならない。

4　毒物劇物営業者は、前項の帳簿を、最終の記載をした日から

（　エ　）年間、保存しなければならない。

(1)（ア　18、イ　向精神薬、ウ　氏名、エ　5）

(2)（ア　20、イ　大麻、ウ　氏名及び住所、エ　3）

(3)（ア　18、イ　大麻、ウ　氏名及び住所、エ　5）

(4)（ア　20、イ　向精神薬、ウ　氏名、エ　3）

21 次の記述は、政令第40条の条文の一部である。（　　）の中にあてはまる語句として、正しい組み合わせを下から１つ選び、その番号を答えなさい。

法第15条の２の規定により、毒物若しくは劇物又は法第11条第２項に規定する政令で定める物の廃棄の方法に関する（　ア　）の基準を次のように定める。

一　中和、（　イ　）、酸化、還元、（　ウ　）その他の方法により、毒物及び劇物並びに法第11条第２項に規定する政令で定める物のいずれにも該当しない物とすること。

(1)（ア　衛生上、イ　蒸発、ウ　稀釈）

(2)（ア　技術上、イ　加水分解、ウ　稀釈）

(3)（ア　技術上、イ　混合、ウ　濃縮）

(4)（ア　取扱上、イ　混合、ウ　稀釈）

22 次の文章は、車両を使用して、劇物である硫酸を１回につき5000kg以上運搬する方法に関する記述である。毒物及び劇物取締法の規定に照らし、正誤の組み合わせとして正しい数字を選びなさい。

ア　車両に掲げる標識は、0.3メートル平方の板に地を白色、文字を赤色として「毒」と表示しなければならない。

イ　車両には、防護具として、防毒マスクとゴム手袋を１人分以上備えなければならない。

ウ　車両に掲げる標識は車両の前後の見やすい箇所に掲げなければならない。

エ　車両には、事故の際に講じなければならない応急措置の内容を記載
　　した書面を備えなければならない。

	ア	イ	ウ	エ
(1)	正	正	誤	誤
(2)	正	正	正	正
(3)	誤	誤	正	誤
(4)	誤	正	誤	正
(5)	誤	誤	正	正

23 次の記述は、政令第40条の6第1項の規定により、毒物また
　　は劇物の運搬を他に委託する場合の荷送人の通知義務につい
て、述べたものである。（　　）の中にあてはまる正しい語句の組み合
わせを下から1つ選び、その番号を答えなさい。

　毒物又は劇物を車両を使用して、又は鉄道によつて運搬する場合で、
当該運搬を他に委託するときは、その荷送人は、運送人に対し、あらか
じめ、当該毒物又は劇物の名称、（　ア　）及びその含量並びに
（　イ　）並びに事故の際に講じなければならない応急の措置の内容を
必ず記載した書面を交付しなければならない。

　ただし、1回の運搬につき（　ウ　）キログラム以下の毒物又は劇物
を運搬する場合は、この限りでない。

(1) （ア　化学式、イ　重量、ウ　1,000）
(2) （ア　成分、イ　重量、ウ　2,000）
(3) （ア　成分、イ　数量、ウ　1,000）
(4) （ア　成分、イ　数量、ウ　5,000）

24 次の記述は、法律第16条の2第2項の条文である。（　　）の
　　中にあてはまる正しい語句の組み合わせを下から1つ選び、そ
の番号を答えなさい。

　毒物劇物営業者及び特定毒物研究者は、その取扱いに係る毒物又は劇
物が盗難にあい、又は（　ア　）したときは、（　イ　）、その旨を

（　ウ　）に届け出なければならない。

(1)　（ア　飛散、イ　15日以内に、ウ　警察署）

(2)　（ア　紛失、イ　直ちに、ウ　市町村）

(3)　（ア　飛散、イ　15日以内に、ウ　市町村）

(4)　（ア　紛失、イ　直ちに、ウ　警察署）

基礎化学
（一般・農業用品目・特定品目共通）

1 次の物質の組み合わせのうち、互いに同素体であるものを下から1つ選び、その番号を答えなさい。

(1) 一酸化炭素、二酸化炭素　　(2) 赤リン、黄リン

(3) 銀、水銀　　(4) 水、エタノール

2 水90gの物質量は何molか、正しいものを下から1つ選び、その番号を答えなさい。ただし、水素の原子量を1、酸素の原子量を16とする。

(1) 0.2　　(2) 0.5　　(3) 2　　(4) 5

3 次の記述の（　　）の中にあてはまる語句として、正しいものを下から1つ選び、その番号を答えなさい。

「物質の三態で、固体から気体になることを（　　）という。」

(1) 気化　　(2) 凝固　　(3) 融解　　(4) 昇華

4 次の記述の（　　）の中にあてはまる語句として、正しいものを下から1つ選び、その番号を答えなさい。

「油脂は水と混じらないが、セッケン水を加えると油脂は、セッケンの疎水性部分に囲まれ、細かい粒子になって水の中へ分散する。セッケンのこの作用を（　　）作用という。」

(1) 乳化　　(2) スルホン化　　(3) エステル化　　(4) ニトロ化

5 次の化学反応式の（　　）に入る数字の組み合わせとして、正しいものを次から1つ選び、その番号を答えなさい。

$$2C_2H_6 + (　ア　)O_2 \rightarrow 4CO_2 + (　イ　)H_2O$$

　　　ア　　イ

(1) 7　　6

(2)　7　　　4

(3)　5　　　6

(4)　5　　　4

6 次の化学反応により発生する気体について、正しいものの組み合わせはどれか。

a　塩酸に二酸化マンガンを加える。

b　硫黄を空気中で燃焼させる。

c　鉄に希硫酸を加える。

d　塩化ナトリウムに濃硫酸を加えて加熱する。

e　銅に濃硝酸を加える。

	a	b	c	d	e
(1)	酸素	硫化水素	二酸化硫黄	酸素	二酸化窒素
(2)	塩素	硫化水素	水素	塩化水素	一酸化窒素
(3)	塩素	二酸化硫黄	水素	塩化水素	二酸化窒素
(4)	酸素	二酸化硫黄	水素	酸素	一酸化窒素
(5)	塩素	硫化水素	二酸化硫黄	塩化水素	二酸化窒素

7 次の記述のうち、ヘスの法則を表すものとして、正しいものを下から1つ選び、その番号を答えなさい。

(1)　化学反応の前後で、質量の総和は変わらない。

(2)　物質が変化する際の反応熱の総和は、変化する前と変化した後の物質の状態だけで決まり、変化の経路や方法に関係しない。

(3)　気体は、同温・同圧・同体積中に同数の分子を含む。

(4)　化合物を構成する元素の質量比は常に一定である。

8 次の記述の（　　）の中にあてはまる語句として、正しいものを下から1つ選び、その番号を答えなさい。

「クエン酸水溶液は青色リトマス紙を（　　）色に変える。」

(1)　赤　　(2)　緑　　(3)　黄　　(4)　黒

9 pH＝4の水溶液の水素イオン濃度は、pH＝6の水溶液の水素イオン濃度の何倍になるか、正しいものを下から1つ選び、その番号を答えなさい。

(1) 10倍　　(2) 20倍　　(3) 100倍　　(4) 1000倍

10 次のうち、金属のイオン化傾向を大きい順に並べたものを下から1つ選び、その番号を答えなさい。

(1) K＞Na＞Zn＞Cu
(2) Zn＞Cu＞Na＞K
(3) K＞Cu＞Zn＞Na
(4) Na＞K＞Cu＞Zn

11 次の物質のうち、炎色反応で緑色を示すものとして、正しいものを下から1つ選び、その番号を答えなさい。

(1) 水酸化カルシウム
(2) 炭酸ナトリウム
(3) 硫酸銅
(4) 塩化リチウム

12 次に示す金属イオンを含む水溶液のうち、希塩酸を加えると沈殿を生じるものを下から1つ選び、その番号を答えなさい。

(1) Pb^{2+}　　(2) Cu^{2+}　　(3) Zn^{2+}　　(4) Ca^{2+}

13 次のうち、官能基（－NH₂）の名称として正しいものを下から1つ選び、その番号を答えなさい。

(1) ニトロ基
(2) アミノ基
(3) スルホン基
(4) ヒドロキシ基

14 次の物質の組み合わせのうち、互いに構造異性体であるものを
下から1つ選び、その番号を答えなさい。

(1) エチレン、アセチレン

(2) メタノール、エタノール

(3) ホルムアルデヒド、アセトアルデヒド

(4) ブタン、2-メチルプロパン

毒物及び劇物の性質、貯蔵、識別、取扱方法、実地（一般）

1 過酸化水素を含有する製剤で、劇物の指定から除外される上限の濃度について正しいものはどれか。

(1)　1％　　(2)　3％　　(3)　5％　　(4)　6％　　(5)　7％

2 次の物質のうち、劇物に該当するものはどれか。

(1)　5％アンモニア　　(2)　ヒ素　　(3)　アジ化ナトリウム
(4)　フェノール　　(5)　炭酸ナトリウム

3 硫酸の性状に関する記述について、（　　）の中にあてはまる最も適した字句はどれか。

　（　a　）の油状液体で粗製のものは微褐色のものもある。濃硫酸は吸湿性が強く、水で薄めると（　b　）する。また、有機物を黒変させる。塩化バリウムを加えると（　c　）の硫酸バリウムを沈殿する。この沈殿物は、塩酸、硝酸に溶けない。

a　(1)　乳白色　(2)　無色透明　(3)　橙黄色　(4)　暗緑色　(5)　赤色
b　(1)　発色　　(2)　発熱　　(3)　発火　　(4)　凝縮　　(5)　沈殿
c　(1)　黒色　　(2)　白色　　(3)　黄褐色　(4)　褐色　　(5)　青紫色

4 アクロレインの性状に関する記述について、（　　）の中にあてはまる最も適した字句はどれか。

　無色から帯黄色の液体で、（　a　）を有する。また、（　b　）がある。熱、炎に触れると分解し、毒性の高い煙を発生する。また、火災の場合、消火剤として（　c　）を用いる。

a　(1)　過激臭　(2)　刺激臭　(3)　腐敗臭　(4)　腐卵臭　(5)　特異臭
b　(1)　引火性　(2)　発火性　(3)　腐食性　(4)　潮解性　(5)　風解性
c　(1)　窒素ガス　(2)　塩素ガス　(3)　希ガス　(4)　炭酸ガス　(5)　酸素ガス

5 次の文章は、ある物質を識別するための特性について述べたものである。該当する物質はどれか。

　濃い青色の結晶であり、空気中に放置すると結晶水を失って粉末になる。水に可溶で硝酸バリウムを加えると、白色の沈殿を呈する。

(1)　硫酸カルシウム　　(2)　硫酸第二銅　　(3)　ロテノン

(4)　ナラシン　　　　　(5)　リン化亜鉛

6 次の文章は、ある物質を識別するための特性について述べたものである。該当する物質はどれか。

　白色の重い針状結晶であり、加熱すると昇華する。水溶液は、リトマス試験紙を青色から赤色に変える。石灰水を加えると赤色の沈殿を呈する。また、アンモニア水を加えると白色の沈殿を生じる。

(1)　塩化チオニル　　　(2)　塩化第二水銀　　(3)　塩素酸カルシウム

(4)　塩素酸カリウム　　(5)　塩素酸ナトリウム

　以下はメチルエチルケトンの化学物質安全性データシートの一部である。問 **7** ～ **11** に答えよ。

化学物質安全性データシート

作成日　平成21年2月8日

氏名　株式会社▲▲▲▲　　　住所　▲▲▲▲▲▲　▲▲－▲

電話番号　00－0000－0000

【製品名】メチルエチルケトン

【物質の特定】英名：methylethylketone

　　　　　　　化学式（示性式）：（　ア　）

　　　　　　　CAS番号：78－93－3

【危険有害性の分類】（　イ　）、有害性物質

【物理／化学的性質】外観等：（　ウ　）　臭い：（　エ　）

　　　　　　　　　　分子量：72.11　溶解性：水に溶けやすい

蒸気圧（kPa）：10.5kPa（20℃）　沸点（℃）：79.5
融点（℃）：−86.9　比重：0.80

【廃棄上の注意】（　オ　）
【応急措置】（　カ　）

7　（　ア　）にあてはまる化学式（示性式）として、正しいものはどれか。

(1)　CH₂(OH)CH(OH)C₂H₅　　(2)　CH₃COOC₂H₅

(3)　C₆H₅CH₃　　(4)　C₂H₅COC₂H₅　　(5)　CH₃COC₂H₅

8　（　イ　）にあてはまる字句として、正しいものはどれか。

(1)　アルカリ性物質　　(2)　引火性物質　　(3)　酸性物質

(4)　爆発性物質　　(5)　発煙性物質

9　（　ウ　）、（　エ　）にあてはまる最も適した字句の組み合わせについて、正しいものはどれか。

	（ウ）	（エ）
(1)	黄色結晶	フェノール様臭
(2)	無色結晶	アセトン様の芳香
(3)	無色結晶	無臭
(4)	無色液体	フェノール様臭
(5)	無色液体	アセトン様の芳香

10　（　オ　）にあてはまる廃棄上の注意について、「毒物又は劇物の廃棄の方法に関する基準」による廃棄方法はどれか。

(1)　多量の水を用いて希釈し、酸化剤の水溶液を少量ずつ加えて酸化分解させた後、希硫酸を加えて中和する。

(2)　ケイソウ土等に吸収させて開放型の焼却炉で焼却する。

(3)　水酸化ナトリウムまたは消石灰の水溶液で中和した後、多量の水で希

釈して処理する。

(4) 還元剤の水溶液に希硫酸を加えて酸性にし、この中に少量ずつ投入する。

(5) 水酸化ナトリウム水溶液を加えてアルカリ性とし、酸化剤の水溶液を加えて酸化分解する。

11 （ カ ）にあてはまる暴露・接触時の措置に関する記述の正誤について、正しい組み合わせはどれか。

a　皮膚に触れた場合は、直ちに汚染された衣服やくつを脱がせる。直ちに付着又は接触部を石けん水又は多量の水で十分に洗い流す。

b　眼に入った場合は、直ちに多量の水で15分間以上洗い流す。

c　吸入した場合は、直ちに患者を毛布等にくるんで安静にさせ、新鮮な空気の場所に移す。呼吸困難又は呼吸が停止しているときは直ちに人工呼吸を行う。

	a	b	c
(1)	正	正	正
(2)	正	誤	正
(3)	誤	正	誤
(4)	正	正	誤
(5)	誤	誤	誤

12 ナトリウムの貯蔵方法として、最も適切なものはどれか。

(1) 非常に反応性に富む物質なので、安定剤を加え、空気を遮断して貯蔵する。

(2) 銅、鉄、コンクリート又は木製のタンクにゴム、鉛、ポリ塩化ビニルあるいはポリエチレンのライニングをほどこしたものを用いる。

(3) 火気に対し安全で隔離された場所に、硫黄、ヨウ素、ガソリン、アルコールと離して保管する。鉄、銅、鉛等の金属容器を使用しない。

(4) 空気中では容易に酸化され、水中に入れるとすぐに爆発的に反応する

ため、通常石油中にたくわえる。

(5) 冷暗所に貯蔵する。純品は空気と日光によって変質するので、少量の
アルコールを加えて分解を防止する。

13 有機フッ素製剤の人体に対する代表的な作用や中毒症状に関する記述について、最も適切なものはどれか。

(1) 中毒は、生体細胞のTCAサイクルの阻害によって主として起こり、その症状は呼吸障害型、心臓障害型、中枢神経障害型の3つに大別されるが、これらの型が混合して発症する場合が多い。

(2) 加水分解酵素のSH基と結合し、酵素を不活性化し膜透過性を変化させて、代謝障害を起こす。

(3) コリンエステラーゼと結合し、その作用を阻害するため、アセチルコリンが蓄積される。

(4) 呼吸中枢を刺激し、ついで、呼吸麻痺を起こす。

(5) 細胞中の微小管の主要蛋白質であるチューブリンに結合して脱重合させ細胞骨格の機能を阻害する。

14 次の物質のうち、中毒が生じた場合の治療法として、2-ピリジルアルドキシムメチオダイド（別名PAM）の製剤を利用するものはどれか。

(1) 硫酸ニコチン　　(2) モノフルオール酢酸

(3) 六塩化ベンゼン(リンデン)　　(4) クロルピリホス

(5) パラコート

15 クロロホルムの漏えい、飛散時の措置として、最も適切なものはどれか。

(1) 漏えいした液は、土砂等でその流れを止め、これに吸着させるか、又は安全な場所に導いて、遠くから徐々に注水してある程度希釈した後、消石灰、ソーダ灰等で中和し、多量の水を用いて洗い流す。

(2) 漏えいした液は、土砂等でその流れを止め、安全な場所に導き、空容

器にできるだけ回収し、そのあと中性洗剤等の分散剤を使用して洗い流す。

(3) 付近の着火源となるものを速やかに取り除き、漏えいした液は、土砂等でその流れを止め、安全な場所に導き、液の表面を泡で覆い、できるだけ空容器に回収する。

(4) 飛散したものは、空容器にできるだけ回収し、そのあとを還元剤（硫酸第一鉄等）の水溶液を散布し、消石灰、ソーダ灰等の水溶液で処理したのち、多量の水を用いて洗い流す。

(5) 周辺にはロープを張るなどして、人の立入りを禁止し、禁水を標示する。

16 次の物質に関する記述の正誤について、正しい組み合わせどれか。

a　シアン化カリウムは、苛性カリとも呼ばれる。

b　キシレンは、水によく溶けるが、アルコール、エーテルには溶けない。

c　発煙硫酸は、空気に触れると発煙し、皮膚に触れるとはげしいやけど（薬傷）及びかいようをおこす。

d　殺菌剤として用いられるエチレンオキシドは、快香があり、常温では無色の液体である。

	a	b	c	d
(1)	正	正	正	誤
(2)	誤	正	誤	正
(3)	誤	誤	正	誤
(4)	誤	誤	正	正
(5)	正	誤	誤	誤

毒物及び劇物の性質、貯蔵、識別、取扱方法、実地
（農業品目）

1 次の物質のうち、2％製剤が劇物に該当するものはどれか。

(1) エマメクチン　　(2) イソキサチオン

(3) アセタミプリド　　(4) チオジカルブ

2 次の物質とその性状の組み合わせで正しいものはどれか。

(1) 塩化亜鉛―風解性　　(2) 硫酸ニコチン―揮発性

(3) 塩素酸ナトリウム―潮解性　　(4) 硫酸タリウム―引火性

3 次の物質とその主な用途の組み合わせで最も適切なものはどれか。

(1) 2－チオ－3・5－ジメチルテトラヒドロ－1・3・5－チアジアジン（別名ダゾメット）―殺鼠剤

(2) ジメチルジチオホスホリルフェニル酢酸エチル（別名フェントエート、PAP）―除草剤

(3) トリシクラゾール―殺鼠剤

(4) エンドタール―除草剤

4 次のうち、EPNに関する記述として正しいものはどれか。

(1) 主に殺虫剤として用いられる。

(2) カーバメート系製剤である。

(3) 有機溶剤に溶けない。

(4) 常温常圧下で赤色の結晶である。

5 次のうち、1・1'ージメチルー4・4'ージピリジニウムジクロリド（別名パラコート）に関する記述として正しいものはどれか。

(1) 常温常圧下で青色の結晶である。

(2) 水に溶けにくい。

(3) 強アルカリ性の状態で分解する。

(4) 主に殺虫剤として用いられる。

6 次のうち、Nーメチルー1ーナフチルカルバメート（別名カルバリル、NAC）に関する記述として正しいものはどれか。

(1) 主に除草剤として用いられる。

(2) 解毒剤として、硫酸アトロピン製剤が用いられる。

(3) 水によく溶ける。

(4) 常温常圧下で黒色の粉末である。

7 次の（ A ）及び（ B ）にあてはまる語句の組み合わせで正しいものはどれか。

ジメトエートは、常温常圧下で（ A ）であり、キシレン、ベンゼンに溶け、主に（ B ）として用いられる。

	A	B
(1)	白色の固体	殺虫剤
(2)	白色の固体	殺鼠剤
(3)	青色の液体	殺菌剤
(4)	青色の液体	除草剤

8 次のうち、2・2'ージピリジリリウムー1・1'ーエチレンジブロミド（別名ジクワット）の廃棄方法として最も適切なものはどれか。

(1) 中和法　　(2) 活性汚泥法　　(3) 沈殿法　　(4) 燃焼法

9 次の物質のうち、常温常圧下で液体であるものはどれか。

(1) リン化亜鉛

(2) ジエチル－Ｓ－(エチルチオエチル)－ジチオホスフェイト（別名エチルチオメトン）

(3) フルスルファミド

(4) チオジカルブ

10 次の（ Ａ ）及び（ Ｂ ）にあてはまる語句の組み合わせで正しいものはどれか。

ブロムメチルは、常温常圧下で（ Ａ ）であり、水に極めて溶けにくい。主に（ Ｂ ）として用いる。

	Ａ	Ｂ
(1)	無色の気体	燻蒸剤
(2)	無色の結晶	燻蒸剤
(3)	赤褐色の気体	除草剤
(4)	赤褐色の結晶	除草剤

11 ダイアジノンの常温常圧下での性状として正しいものはどれか。

(1) 無色の液体で、アルコールに溶ける。

(2) 無色の液体で、アルコールに溶けにくい。

(3) 緑色の固体で、アルコールに溶ける。

(4) 緑色の固体で、アルコールに溶けにくい。

12 ダイアジノンの用途として最も適するものはどれか。

(1) 殺鼠剤　　(2) 殺虫剤　　(3) 植物成長調整剤　　(4) 除草剤

13 DDVPの常温常圧下での性状として正しいものはどれか。

(1) 無色の液体で、水に非常に溶けやすい。

(2) 無色の液体で、水に溶けにくい。

(3) 青色の液体で、水に非常に溶けやすい。

(4) 青色の液体で、水に溶けにくい。

14 DDVPの用途として最も適するものはどれか。

(1) 植物成長調整剤　　(2) 除草剤　　(3) 殺鼠剤　　(4) 殺虫剤

15 クロルピクリンの常温常圧下での性状として正しいものはどれか。

(1) 黒色の液体で、強い粘膜刺激臭がある。

(2) 黄色の結晶で、水に溶ける。

(3) 無色の油状液体で、エーテルに溶ける。

(4) 赤色の液体で、引火性がある。

16 クロルピクリンの用途として最も適するものはどれか。

(1) 殺鼠剤　　(2) 除草剤　　(3) 植物成長調整剤　　(4) 土壌燻蒸剤

17 2－ジフェニルアセチル－1・3－インダンジオン（別名ダイファシノン）の常温常圧下での性状として正しいものはどれか。

(1) 黄色の結晶性粉末で、アセトンに溶ける。

(2) 黄色の結晶性粉末で、水によく溶ける。

(3) 赤色の粘稠液体で、アセトンに溶ける。

(4) 赤色の粘稠液体で、水によく溶ける。

18 2－ジフェニルアセチルー1・3－インダンジオン（別名ダイファシノン）の用途として**最も適するもの**はどれか。

(1) 殺虫剤　　(2) 除草剤　　(3) 植物成長調整剤　　(4) 殺鼠剤

19 トリクロルヒドロキシエチルジメチルホスホネイト（別名トリクロルホン、DEP、ディプテレックス）の**常温常圧下での性状として正しいもの**はどれか。

(1) 白色の結晶で、アルコールに溶ける。

(2) 赤色の結晶で、水に溶けやすい。

(3) 黄色の液体で、アルカリで分解する。

(4) 緑色の液体で、酸で分解する。

20 トリクロルヒドロキシエチルジメチルホスホネイト（別名トリクロルホン、DEP、ディプテレックス）の用途として**最も適する**ものはどれか。

(1) 殺虫剤　　(2) 除草剤　　(3) 防黴剤　　(4) 殺鼠剤

毒物及び劇物の性質、貯蔵、識別、取扱方法、実地（特定品目）

1 次の薬物の貯蔵方法として、最も適当なものを下から選びなさい。

a 過酸化水素水　　b 水酸化ナトリウム

(1) 炭酸ガスと水を強く吸収するので、密栓をして貯蔵する。

(2) 蒸気は空気より重いので、換気の悪い地下室には保管しない。

(3) 有機物と爆発的に反応するので、周囲に有機性蒸気を出すものは置かない。

(4) 引火性が大きいので、火気厳禁の冷暗所に保管する。

(5) 空気と日光による分解を防ぐため、少量のアルコールを加えて貯蔵する。

2 次の文章は、ホルムアルデヒドの水溶液について述べたものである。誤りのあるものを選びなさい。

(1) 中性又は弱酸性を呈する。

(2) 寒冷にあうと混濁することがある。

(3) アルコールやエーテルとよく混和する。

(4) 空気中の酸素によって一部酸化され、ギ酸を生じる。

(5) アンモニア性硝酸銀溶液を加えると、徐々に金属銀が析出する。

3 次の文章は、硫酸について述べたものである。最も適当な文章の組み合わせを選びなさい。

ア 比重は水より大きい。

イ 酸化力がないので、銅片を入れて加熱しても特に反応しない。

ウ バッテリーの電解液として使用される。

エ 水で薄める際は、濃硫酸の中にゆっくりと水を加えていく。

(1) （ア、イ）　　(2) （ア、ウ）　　(3) （イ、ウ）

(4) （イ、エ）　　(5) （ウ、エ）

4 次の薬物の毒性として、最も適当なものを選びなさい。

　　a　シュウ酸　　b　過酸化水素水

(1)　吸入すると、始めに嘔吐、瞳孔の収縮、運動性不安が現れ、次いで脳およびその他の神経細胞が麻痺してくる。

(2)　皮膚に触れると、やけどを起こし、眼に入ると、角膜がおかされ、場合によっては失明することがある。

(3)　吸入すると、窒息感、咽頭および気管支筋の硬直をきたし、呼吸困難におちいる。

(4)　吸入すると、頭痛、食欲不振等がみられ、大量では大赤血球性貧血をきたす。

(5)　経口摂取すると、口腔、のどなどに炎症を起こし、血液中のカルシウムと反応して神経系に影響を与える。

5 次の薬物の用途として、最も適当なものを選びなさい。

　　a　塩素　　b　アンモニア

(1)　尿素などの肥料や硝酸の原料として、工業的に大量に用いられる。

(2)　工業的に酸化剤、媒染剤、顔料の原料などに用いられる。

(3)　ペンキや塗料の溶剤として用いられる。

(4)　上水道の消毒剤、紙・パルプの漂白剤、工業原料などとして広く用いられている。

(5)　中和剤としての使用のほか、石けんや洗剤の製造、パルプの製造などに大量に用いられている。

6 次の薬物の化学式として、正しいものを選びなさい。

　　a　硝酸　　b　重クロム酸カリウム

(1)　$H_2Cr_2O_7$　(2)　K_2CrO_4　(3)　HNO_3　(4)　HNO_2　(5)　$K_2Cr_2O_7$

7 次の文章は、メタノールの性状について述べたものである。（　　）に入る語句の組み合わせとして正しいものを選びなさい。

　メタノールは、常温常圧（20℃、１気圧）で液体であり、その色は（　ア　）である。また、その臭いは（　イ　）で、その蒸気の重さは空気に比較して（　ウ　）。

	ア	イ	ウ
(1)	無色透明	エチルアルコール臭	重い
(2)	白色	エチルアルコール臭	軽い
(3)	無色透明	ベンゼン臭	軽い
(4)	白色	ベンゼン臭	重い
(5)	白色	無臭	重い

8 次の薬物の性状として最も適当なものを選びなさい。

　a　クロロホルム　　b　水酸化カリウム

(1)　無色透明の揮発性液体で、果実様の芳香がある。蒸気は空気より重く、引火しやすい。

(2)　無色の揮発性液体で特異な香気がある。蒸気は空気より重く、不燃性である。

(3)　結晶水を有する無色の結晶で、乾燥空気中で風化する。水に溶け、水溶液は酸性を呈する。

(4)　空気中に放置すると潮解し、二酸化炭素を吸収する。水溶液は強塩基性を呈する。

(5)　無色の刺激臭を有する気体で、湿った空気中で激しく発煙する。水によく溶け、水溶液は強酸性を呈する。

9 次の薬物のうち、白色又は無色の結晶であるものの組み合わせとして適当なものを選びなさい。

　ア　クロム酸バリウム　　イ　二酸化鉛

ウ　ケイフッ化ナトリウム　　エ　酢酸鉛

(1)　（ア、イ）　　(2)　（ア、ウ）　　(3)　（イ、ウ）

(4)　（イ、エ）　　(5)　（ウ、エ）

10　トルエンとメチルエチルケトンに共通する性状として、最も適当なものを選びなさい。

(1)　無色の気体であり、水に溶けやすい。

(2)　無色の気体であり、刺激臭が強い。

(3)　無色の液体であり、水に比べて重い。

(4)　無色の液体で芳香臭があり、容易に引火する。

(5)　白色の固体であり、潮解性がある。

11　次の薬物の識別の方法として、適当なものを選びなさい。

　　a　塩化水素　　b　メタノール

(1)　サリチル酸及び硫酸とともに熱すると、芳香のある物質を生じる。

(2)　うすめた水溶液に塩化カルシウム水溶液を加えると、白い沈殿を生じる。

(3)　うすめた水溶液に硝酸銀水溶液を加えると、白い沈殿を生じる。

(4)　水酸化カリウムと少量のアニリンを加えて熱すると、不快な刺激性の臭気を発する。

(5)　水溶液に塩化鉄（Ⅲ）水溶液を加えると、紫色を呈する。

12　次の薬物の廃棄の方法として、最も適当なものを選びなさい。

　　a　硝酸　　b　酢酸エチル

(1)　水に溶かし、消石灰等の水溶液を加えて処理した後、希硫酸を加えて中和し、沈殿ろ過する。

(2)　セメントを用いて固化し、埋立処分する。

(3)　焼却炉の火室へ噴霧し焼却する。

(4)　アルカリ溶液に徐々に加え、中和させた後、多量の水で希釈して処理する。

(5)　水で希薄な溶液とし、酸で中和させた後、多量の水で希釈して処理する。

13　次の薬物のうち、廃棄の方法として活性汚泥法が適用できるものを選びなさい。

(1)　アンモニア　　(2)　塩化水素　　(3)　過酸化水素

(4)　ケイフッ化ナトリウム　　(5)　ホルムアルデヒド

毒物劇物取扱者試験

解答・解説

毒物及び劇物に関する法規
（一般・農業用品目・特定品目共通）

1 　解答　(1)　×　　(2)　×　　(3)　○　　(4)　×

(1)　保健衛生上の見地から必要な取締を行うことを目的としています。

(2)　医薬品、医薬部外品以外のものをいいます。

(4)　毒物であって別表第三に掲げるものをいいます。

2 　解答　(1)　×　　(2)　×　　(3)　×　　(4)　○

[解説]　(1)〜(4)の物質のうち、別表第一に記載のある物質は(4)の黄リンとなります。

3 　解答　(1)　×　　(2)　×　　(3)　×　　(4)　○

[解説]　(1)〜(4)の物質のうち、別表第三に記載のある物質は(4)のテトラエチルピロホスフェイトとなります。

4 　解答　(1)　○　　(2)　×　　(3)　×　　(4)　×

[解説]　(1)のキシレンを含有するシンナーは設問にある法令で定められた物質ではありません。

5 　解答　(1)　○　　(2)　×　　(3)　×　　(4)　×

[解説]　(1)のピクリン酸は設問にある法令で定められた物質です。

6 　解答　(1)　×　　(2)　×　　(3)　×　　(4)　○

(1)　四アルキル鉛を含有する製剤の用途としては、ガソリンへの混入があります。

(2)　ジメチルエチルメルカプトエチルチオホスフェイト（別名メチルジメトン）を含有する製剤の用途としては、かんきつ類、りんご、な

し、ぶどう、桃、あんず、梅、ホップ、なたね、桑、七島藺、または食用に供されることがない観賞用植物もしくはその球根の害虫の防除があります。

(3) リン化アルミニウムとその分解促進剤とを含有する製剤の用途としては、倉庫内、コンテナ内または船倉内におけるねずみ、昆虫等の駆除があります。

7　解答　(1) ×　　(2) ○　　(3) ×　　(4) ×

イ　授与のために製造する場合でも、製造業の登録を受けなければなりません。

エ　毒物または劇物の輸入業者が、その輸入した毒物または劇物を他の毒物劇物営業者に販売するときは、販売業の登録は必要ありません。

8　解答　(1) ×　　(2) ○　　(3) ×　　(4) ×

イ　一般販売業の登録を受けた者は、特定毒物を販売することができます。

エ　特定品目販売業の登録を受けた者は、特定品目のみ販売することができます。

9　解答　(1) ×　　(2) ×　　(3) ○　　(4) ×　　(5) ×

b　農業用品目販売業として登録している店舗の毒物劇物取扱責任者になることができます。

c　毒物または劇物の一般販売業の登録を受けた店舗では、一般毒物劇物取扱者試験に合格した者でなければ、毒物劇物取扱責任者になることはできません。

d　店舗が隣接している場合でなければ、2つの店舗の毒物劇物取扱責任者を兼ねることはできません。

10　解答　(1) ×　　(2) ×　　(3) ×　　(4) ○

(1) 30日以内に届け出なければなりません。

(2) 18歳未満の者は、毒物劇物取扱責任者となることはできません。

(3) 毒物または劇物の製造業の毒物劇物取扱責任者には、一般毒物劇物取扱者試験に合格した者しかなることができません。

11　解答　(1) ×　　(2) ○　　(3) ○　　(4) ○

解説　(1) 電気めっきを行う事業では、シアン化ナトリウム、無機シアン

78

化合物で毒物であるもの（製剤を含む）を使用する場合に届出が必要となります。

12 解答 (1) ✕　(2) ✕　(3) ◯　(4) ✕

解説 ア　法規上の規定はありません。

13 解答 (1) ◯　(2) ◯　(3) ✕　(4) ◯

解説 (3)　すべての劇物について、飲食物の容器として通常使用される物を容器として使用することはできません。

14 解答 (1) ◯　(2) ✕　(3) ◯　(4) ◯

解説 (2)　毒物または劇物を陳列する場所には、施錠もしくは、その周囲に堅固な柵等を設けなくてはなりません。

15 解答 (1) ✕　(2) ✕　(3) ◯　(4) ✕　(5) ✕

　　a　毒物の容器および被包には、「医薬用外」の文字とともに赤地に白色をもって「毒物」の文字を表示しなければなりません。

　　c　毒物または劇物を業務上取り扱う者は、毒物または劇物を貯蔵する場所に、「医薬用外」の文字とともに、毒物には「毒物」、劇物には「劇物」の文字を表示しなければなりません。

16 解答 (1) ✕　(2) ◯　(3) ◯　(4) ◯

解説 (1)　表記内容について法令上の定めはありません。

17 解答 (1) ✕　(2) ✕　(3) ✕　(4) ◯

解説 法令上定められているのは、(4)の硫酸タリウムを含有する製剤たる劇物や、リン化亜鉛を含有する製剤たる劇物です。

18 解答 (1) ◯　(2) ✕　(3) ✕　(4) ✕

解説 イ　毒物または劇物の使用目的は必須の記載事項ではありません。

19 解答 (1) ✕　(2) ◯　(3) ◯　(4) ◯

解説 (1)　法令上、情報提供しなければならない内容として、用途は定められていません。

20 解答 (1) ✕　(2) ✕　(3) ◯　(4) ✕

解説 毒劇法における毒物・劇物の交付制限事項から、(3)が正解となります。

21 　**解答** (1) ✕　　(2) ○　　(3) ✕　　(4) ✕

〔解説〕　法令の条文から(2)が正解となります。

22 　**解答** (1) ✕　　(2) ✕　　(3) ✕　　(4) ✕　　(5) ○

　ア　地を黒色、文字を白色として表示しなければなりません。

　イ　防毒マスクとゴム手袋等必要な防護具を2人分以上備えなければな

　　りません。

23 　**解答** (1) ✕　　(2) ✕　　(3) ○　　(4) ✕

〔解説〕　法令により(3)が正解となります。

24 　**解答** (1) ✕　　(2) ✕　　(3) ✕　　(4) ○

〔解説〕　法令により(4)が正解となります。

基礎化学
（一般・農業用品目・特定品目共通）

1 　**解答** (1) × 　(2) ○ 　(3) × 　(4) ×

解説 同素体（同じ元素からできている物質）は(2)の赤リン、黄リンとなります。

2 　**解答** (1) × 　(2) × 　(3) × 　(4) ○

解説 水（H_2O）1 molが18 gとなることから、90 gの水は5 molとなります。

3 　**解答** (1) × 　(2) × 　(3) × 　(4) ○

(1) 気化は液体が表面から気体になる現象をいいます。

(2) 凝固は液体が固体になる現象をいいます。

(3) 融解は固体が液体になる現象をいいます。

4 　**解答** (1) ○ 　(2) × 　(3) × 　(4) ×

解説 設問の内容は乳化の過程を説明したものとなります。

5 　**解答** (1) ○ 　(2) × 　(3) × 　(4) ×

解説 左辺と右辺の原子数が等しくなるように係数をつけると、アが7、イが6となります。

6 　**解答** (1) × 　(2) × 　(3) ○ 　(4) × 　(5) ×

解説 それぞれの化学反応式は以下のとおりです。

a 　$4\,HCl + MnO_2 \rightarrow MnCl_2 + 2\,H_2O + Cl_2\uparrow$

b 　$S + O_2 \rightarrow SO_2\uparrow$

c 　$Fe + H_2SO_4 \rightarrow FeSO_4 + H_2\uparrow$

d 　$NaCl + H_2SO_4 \rightarrow NaHSO_4 + HCl\uparrow$

e 　$Cu + 4\,HNO_3 \rightarrow Cu(NO_3)_2 + 2\,H_2O + 2\,NO_2\uparrow$

7 　**解答** (1) × 　(2) ○ 　(3) × 　(4) ×

(1) 設問は質量保存の法則になります。

(3) 設問はアボガドロの法則になります。

(4) 設問は倍数比例の法則になります。

8　解答　(1) ○　　(2) ×　　(3) ×　　(4) ×

解説　青色リトマス紙は酸性の水溶液によって赤変します。

9　解答　(1) ×　　(2) ×　　(3) ○　　(4) ×

解説　pHは水素イオン濃度の逆数の対数なので、pHが1増えるごとに水素イオン濃度は10倍になります。これにより$10^2 = 100$となります。

10　解答　(1) ○　　(2) ×　　(3) ×　　(4) ×

解説　金属のイオン化傾向が大きい順に並んでいるものは(1)となります。

11　解答　(1) ×　　(2) ×　　(3) ○　　(4) ×

(1)　水酸化カルシウムは赤橙色を示します。

(2)　炭酸ナトリウムは黄色を示します。

(4)　塩化リチウムは赤色を示します。

12　解答　(1) ○　　(2) ×　　(3) ×　　(4) ×

解説　鉛イオン水溶液に塩酸を加えると白色の塩化鉛が沈殿します。

13　解答　(1) ×　　(2) ○　　(3) ×　　(4) ×

(1)　ニトロ基は（$-NO_2$）となります。

(3)　スルホン基は（$-SO_3H$）となります。

(4)　ヒドロキシ基は（$-OH$）となります。

14　解答　(1) ×　　(2) ×　　(3) ×　　(4) ○

解説　構造異性体とは、官能基の結合している炭素鎖の構造が異なるものをいいます。両者の構造式は以下のとおりです。

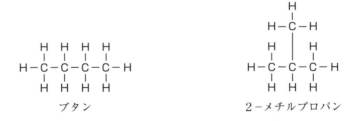

ブタン　　　　　　　　　　　　2-メチルプロパン

毒物及び劇物の性質、貯蔵、識別、取扱方法、実地（一般）

1 　**解答** (1) × 　(2) × 　(3) × 　(4) ○ 　(5) ×

解説 　6％以下を含む製剤は普通物となります。

2 　**解答** (1) × 　(2) × 　(3) × 　(4) ○ 　(5) ×

解説 　(2)、(3)は毒物に該当します。(1)、(5)は毒劇法による指定はありません。

3 　**解答** a (2) 　　b (2) 　　c (2)

解説 　硫酸の特徴、性質からa、b、cともに(2)が正解となります。

4 　**解答** a (2) 　　b (1) 　　c (4)

解説 　アクロレインは、法令で原体が劇物に指定されている物質で、特徴、性質は解答のとおりです。

5 　**解答** (1) × 　(2) ○ 　(3) × 　(4) × 　(5) ×

解説 　硫酸第二銅の特徴、性質は、濃い青色の結晶、空気中に放置すると風解、水に可溶、硝酸バリウムとの混合により白色硫酸バリウムを沈殿などがあります。

6 　**解答** (1) × 　(2) ○ 　(3) × 　(4) × 　(5) ×

解説 　塩化第二水銀の特徴、性質は、白色の針状結晶、加熱すると昇華、水溶液は青色リトマス試験紙を赤変、石灰水を加えると赤色の沈殿が、アンモニア水を加えると白色の沈殿が生成などがあります。

7 　**解答** (1) × 　(2) × 　(3) × 　(4) × 　(5) ○

解説 　メチル基とエチル基がケトン基で結合している5が正解となります。

8 　**解答** (1) × 　(2) ○ 　(3) × 　(4) × 　(5) ×

解説 　メチルエチルケトンは引火性物質です。

9 　**解答** (1) × 　(2) × 　(3) × 　(4) × 　(5) ○

解説 　メチルエチルケトンは、無色の液体で、アセトン様の芳香があります。

10 **解答** (1) ✕ (2) ◯ (3) ✕ (4) ✕ (5) ✕

解説 廃棄方法は、ケイソウ土等に吸収させて開放型の焼却炉で焼却する方法がとられます。

11 **解答** (1) ◯ (2) ✕ (3) ✕ (4) ✕ (5) ✕

解説 設問のa、b、cの記述は、いずれもメチルエチルケトンの暴露・接触時の措置に関する内容となっています。

12 **解答** (1) ✕ (2) ✕ (3) ✕ (4) ◯ (5) ✕

解説 ナトリウムの貯蔵方法として最適な記述は(4)となります。

13 **解答** (1) ◯ (2) ✕ (3) ✕ (4) ✕ (5) ✕

解説 (1)～(5)の中で最適な記述は(1)となります。

14 **解答** (1) ✕ (2) ✕ (3) ✕ (4) ◯ (5) ✕

解説 法令上、2-ピリジルアルドキシムメチオダイド（別名PAM）の製剤を利用するのは、有機リン化合物およびこれを含有する製剤たる毒物および劇物と定められています。

15 **解答** (1) ✕ (2) ◯ (3) ✕ (4) ✕ (5) ✕

解説 (1)～(5)のうち、クロロホルムの漏えい、飛散時の措置として最も適切な記述内容は(2)となります。

16 **解答** (1) ✕ (2) ✕ (3) ◯ (4) ✕ (5) ✕

a 苛性カリとも呼ばれるのは水酸化カリウムです。

b 芳香族化合物のキシレンは、水に溶けず、アルコール、エーテルには可溶です。

d 快香（エーテル臭）のあるエチレンオキシドは、常温では無色の気体です。

毒物及び劇物の性質、貯蔵、識別、取扱方法、実地（農業品目）

1 解答 (1) × (2) × (3) × (4) ○

解説 設問の内容から該当する物質は(4)のチオジカルブとなります。

2 解答 (1) × (2) × (3) ○ (4) ×

(1) 塩化亜鉛は潮解性を有します。

(2) 硫酸ニコチンは不揮発性の物質です。

(4) 硫酸タリウムは不燃性の物質です。

3 解答 (1) × (2) × (3) × (4) ○

(1) 主な用途は殺菌剤、駆虫剤となります。

(2) 主な用途は殺虫剤となります。

(3) 主な用途は殺菌剤となります。

4 解答 (1) ○ (2) × (3) × (4) ×

解説 EPNは有機リン製剤で、常温常圧下では白色の結晶、有機溶剤に可溶です。

5 解答 (1) × (2) × (3) ○ (4) ×

解説 パラコートは、無色の吸湿性結晶（工業品は暗褐色または暗青色の特異臭のある水溶液）で水に溶けやすく、主に除草剤として用いられます。

6 解答 (1) × (2) ○ (3) × (4) ×

解説 N－メチル－1－ナフチルカルバメート（別名カルバリル、NAC）は、常温常圧下では白色の結晶で、水にはわずかに溶け、主に殺虫剤として用いられます。

7 解答 (1) ○ (2) × (3) × (4) ×

解説 ジメトエートの外観および用途から、正しい組み合わせは(1)となります。

8 解答 (1) × (2) × (3) × (4) ○

解説 廃棄に際しては、木粉（おがくず）等に吸収させ、アフターバーナーおよびスクラバーを具備した焼却炉にて焼却するなど燃焼法が用いられ

ます。

9 解答 (1) × (2) ○ (3) × (4) ×

解説 (1)、(3)、(4)は常温常圧下では結晶や粉末の状態となります。

10 解答 (1) ○ (2) × (3) × (4) ×

解説 ブロムメチルは、常温常圧下では無色の気体で、水に極めて溶けにくく、主に燻蒸剤として用いられます。

11 解答 (1) ○ (2) × (3) × (4) ×

解説 常温常圧下において、ダイアジノンは無色の液体で、水には溶けにくく、アルコールに可溶な性質を持っています。

12 解答 (1) × (2) ○ (3) × (4) ×

解説 ダイアジノンは主に農薬の殺虫剤として用いられます。

13 解答 (1) × (2) ○ (3) × (4) ×

解説 DDVPは、常温常圧下で、無色の液体であり、水に溶けにくく、有機溶剤に可溶な性質を有します。

14 解答 (1) × (2) × (3) × (4) ○

解説 DDVPは主に家庭向けの殺虫剤として用いられます。

15 解答 (1) × (2) × (3) ○ (4) ×

解説 クロルピクリンは常温常圧下において、(3)無色の油状液体であり、エーテルに溶ける性質を有します。

16 解答 (1) × (2) × (3) × (4) ○

解説 クロルピクリンの主な用途は農薬の土壌燻蒸剤となります。

17 解答 (1) ○ (2) × (3) × (4) ×

解説 ２－ジフェニルアセチル－１・３－インダンジオン（別名ダイファシノン）は、常温常圧下では黄色の結晶性粉末で、アセトンに溶けるが水には不溶です。

18 解答 (1) × (2) × (3) × (4) ○

解説 殺鼠剤のほか、医薬分野でも用いられます。

19 解答 (1) ○ (2) × (3) × (4) ×

解説 トリクロルヒドロキシエチルジメチルホスホネイト（別名トリクロルホン、DEP、ディプテレックス）は有機リン製剤の劇物で、常温常圧

下において白色の結晶を呈し、アルコールや水に溶ける性質を有します。

20 解答 (1) ○　　(2) ×　　(3) ×　　(4) ×

解説　主に農薬として殺虫剤に用いられます。

毒物及び劇物の性質、貯蔵、識別および取扱方法、実地（特定品目）

1 　解答　a （3）　　b （1）

〔解説〕　過酸化水素水の爆発性、水酸化ナトリウムの潮解性から最適な解答を選びます。

2 　解答　（1）○　（2）○　（3）×　（4）○　（5）○

〔解説〕　（3）　ホルムアルデヒドは水にはよく溶けますが、アルコール、エーテルには不溶です。

3 　解答　（1）×　（2）○　（3）×　（4）×　（5）×

　イ　希硫酸は酸化力がないが、加熱することで酸化力は高くなり、銅片を入れて加熱した場合、硫酸塩と水素が生成します。

　エ　水の中に濃硫酸をゆっくりと加えていくようにします。

4 　解答　a （5）　　b （2）

〔解説〕　（5）　血液中のカルシウムと反応して神経系に影響を与えるのは、シュウ酸の毒性の特徴の１つです。

5 　解答　a （4）　　b （1）

〔解説〕　消毒、漂白は塩素の用途の、また、尿素や硝酸の原料として大量の工業的用途があるのはアンモニアの、それぞれ大きな特徴です。

6 　解答　a （3）　　b （5）

〔解説〕　b　重クロム酸カリウムは、別名二クロム酸カリウムであることから、カリウム原子と２個のクロム原子を含む（5）を選びます。

7 　解答　（1）○　（2）×　（3）×　（4）×　（5）×

〔解説〕　メタノールは、常温常圧（20℃、１気圧）において無色透明の液体でエチルアルコール臭を有し、蒸気は空気に比べ重くなります。

8 　解答　a （2）　　b （4）

〔解説〕　a　特異な香気、不燃性というクロロホルムの性質を決め手に（2）を選びます。

9 　解答　（1）×　（2）×　（3）×　（4）×　（5）○

　ア　クロム酸バリウム（別名バリウムエロー）はクロム酸塩類の劇物

で、化学式は$BaCrO_4$。常温常圧下で黄色の粉末。水にほとんど溶けず、酸、アルカリに可溶です。

イ　二酸化鉛は常温常圧下で茶褐色の粉末です。

10 **解答** (1) × 　(2) × 　(3) × 　(4) ○ 　(5) ×

(解説) トルエン、メチルエチルケトンはともに無色の液体で、引火性を持ちます。

11 **解答** a (3) 　b (1)

a　塩化銀の白色沈殿を生じます。

b　芳香族化合物のサリチル酸メチルを生じます。

12 **解答** a (4) 　b (3)

a　アルカリ溶液を用いた中和法と、希釈法を用います。

b　燃焼法を用います。

13 **解答** (1) × 　(2) × 　(3) × 　(4) × 　(5) ○

(解説) 各物質の性質から、活性汚泥法が適用できるものは(5)のホルムアルデヒドとなります。

毒物及び劇物に関する法規
（一般・農業用品目・特定品目共通）

1 次の文章は、毒物及び劇物取締法の条文の一部である。（　　）にあてはまる語句の組み合わせとして正しいものを選びなさい。

この法律は、毒物及び劇物について、（　ア　）の見地から必要な（　イ　）を行うことを目的とする。

	ア	イ
(1)	保健衛生上	取締
(2)	保健衛生上	規制
(3)	公衆衛生上	取締
(4)	公衆衛生上	規制
(5)	環境保全上	規制

2 次のうち、毒物の組み合わせとして正しい数字を選びなさい。

ア　黄リン　　イ　アクリルニトリル　　ウ　クロルピクリン
エ　硝酸タリウム　　オ　ニコチン

(1)　（ア、イ）　　(2)　（ア、オ）　　(3)　（イ、ウ）
(4)　（ウ、エ）　　(5)　（エ、オ）

3 毒物及び劇物取締法の規定に照らし、次の文章の正誤の組み合わせとして正しいものを選びなさい。

ア　毒物又は劇物の販売業の登録を受けた者でなければ、毒物又は劇物

を販売又は授与の目的で輸入してはならない。

イ　毒物又は劇物の製造業の登録を受けた者が、自ら製造した毒物又は劇物を他の毒物又は劇物の製造業者へ販売するときは、毒物又は劇物の販売業の登録を受ける必要がない。

ウ　特定毒物研究者は、特定毒物を使用することができるが、輸入することはできない。

エ　トルエンや酢酸エチルは、みだりに摂取したり、吸入してはならない。

	ア	イ	ウ	エ
(1)	正	正	正	正
(2)	誤	正	正	誤
(3)	正	誤	誤	誤
(4)	正	誤	正	正
(5)	誤	正	誤	正

4 次の文章は、毒物劇物営業者の登録について述べたものである。（　　）にあてはまる語句として正しいものを選びなさい。

　毒物又は劇物の販売業の登録は、（　　）ごとに、更新を受けなければ、その効力を失う。

(1)　4年　　(2)　5年　　(3)　6年　　(4)　7年　　(5)　8年

5 次の文章は、特定毒物研究者の許可に関する条文の一部である。毒物及び劇物取締法の規定に照らし、（　　）にあてはまる語句の組み合わせとして正しいものを選びなさい。

　都道府県知事は、次に掲げる者には、特定毒物研究者の許可を与えないことができる。

一　（　ア　）の障害により特定毒物研究者の業務を適正に行うことができない者として厚生労働省令で定めるもの

二　麻薬、大麻、あへん又は（　イ　）の中毒者

三　毒物若しくは劇物又は薬事に関する罪を犯し、罰金以上の刑に処せ

られ、その執行を終わり、又は執行を受けることがなくなつた日から起算し（　ウ　）年を経過していない者

		ア	イ	ウ
(1)		心身	向精神薬	3
(2)		心身	覚せい剤	3
(3)		心身	向精神薬	2
(4)		視覚	向精神薬	2
(5)		視覚	覚せい剤	3

6 次の文章は、毒物劇物取扱責任者の資格に関する条文の一部である。毒物及び劇物取締法の規定に照らし、（　　）にあてはまる語句の組み合わせとして正しいものを選びなさい。

次の各号に掲げる者でなければ、毒物劇物取扱責任者となることができない。

一　（　ア　）

二　（　イ　）で定める学校で、（　ウ　）に関する学課を修了した者

三　都道府県知事が行う毒物劇物取扱者試験に合格した者

	ア	イ	ウ
(1)	医師	厚生労働省令	応用化学
(2)	薬剤師	厚生労働省令	応用化学
(3)	医師	政令	応用化学
(4)	薬剤師	厚生労働省令	自然科学
(5)	医師	政令	自然科学

7 次の文章は、毒物劇物営業者の届出について述べたものである。毒物及び劇物取締法の規定に照らし、正誤の組み合わせとして正しいものを選びなさい。

ア　法人である毒物劇物営業者が、主たる事務所の所在地を変更した場合には、30日以内にその旨を届け出なければならない。

イ　毒物又は劇物の製造業者が、登録を受けた毒物以外の毒物を製造し

た場合には、30日以内にその旨を届け出なければならない。

ウ　毒物劇物取扱責任者の住所が変更になった場合には、30日以内にその旨を届け出なければならない。

エ　法人である毒物劇物営業者が、代表者を変更した場合には、30日以内にその旨を届け出なければならない。

	ア	イ	ウ	エ
(1)	正	誤	誤	誤
(2)	誤	正	正	誤
(3)	正	誤	誤	正
(4)	誤	誤	正	正
(5)	誤	正	誤	正

8 次の文章は、毒物劇物営業者の登録が失効した場合等の措置に関する条文の一部である。毒物及び劇物取締法の規定に照らし、（　　）にあてはまる語句の組み合わせとして正しい数字を選びなさい。

　毒物劇物営業者、特定毒物研究者又は特定毒物使用者は、その営業の登録若しくは特定毒物研究者の許可が効力を失い、又は特定毒物使用者でなくなつたときは、（　ア　）日以内に、毒物又は劇物の製造業者又は輸入業者にあつてはその製造所又は営業所の所在地の都道府県知事を経て厚生労働大臣に、毒物若しくは劇物の販売業者にあつては、その店舗の所在地の都道府県知事に、特定毒物研究者にあつてはその主たる研究所の所在地の都道府県知事または指定都市の長に、特定毒物使用者にあつては都道府県知事に、現に所有する（　イ　）の品名及び数量を届け出なければならない。

	ア	イ
(1)	30	特定毒物、毒物及び劇物
(2)	30	特定毒物及び毒物
(3)	15	特定毒物
(4)	30	毒物

9 次の文章は、毒物劇物営業者の設備の基準について述べたものである。毒物及び劇物取締法の規定に照らし、正誤の組み合わせとして正しいものを選びなさい。

ア 貯蔵設備は、毒物又は劇物とその他の物とを区分して貯蔵できるものであること。

イ 毒物を陳列する場所には、かぎをかける設備もしくは周囲に堅固な柵等を設ける必要があるが、劇物を陳列する場所には不要である。

ウ 毒物又は劇物の運搬用具は、毒物又は劇物が飛散し、漏れ、又はしみ出るおそれのないものであること。

	ア	イ	ウ
(1)	誤	正	正
(2)	正	誤	誤
(3)	正	正	誤
(4)	正	誤	正
(5)	誤	誤	正

10 次の文章は、毒物又は劇物の表示について述べたものである。毒物及び劇物取締法の規定に照らし、（　　）にあてはまる語句の組み合わせとして正しいものを選びなさい。

① 毒物劇物営業者及び特定毒物研究者は、毒物又は劇物の容器及び被包に、「（　ア　）」の文字及び毒物については赤地に白色をもって「毒物」の文字、劇物については白地に赤色をもって「劇物」の文字を表示しなければならない。

② 毒物劇物営業者は、その容器及び被包に、次に掲げる事項を表示しなければ、毒物又は劇物を販売し、又は授与してはならない。

一 毒物又は劇物の（　イ　）

二 毒物又は劇物の成分及びその（　ウ　）

三 厚生労働省令で定める毒物又は劇物については、それぞれ厚生労働

省令で定めるその（　エ　）の名称

	ア	イ	ウ	エ
(1)	医薬用外	名称	含量	解毒剤
(2)	危険物	用途	化学式	中和剤
(3)	医薬用外	名称	化学式	中和剤
(4)	危険物	名称	含量	中和剤
(5)	医薬用外	用途	含量	解毒剤

11 毒物劇物営業者が、毒物又は劇物を他の毒物劇物営業者に販売し、又は授与したときに、その都度書面に記載しておかなければならない事項について、正しいものの組み合わせはどれか。

a　毒物又は劇物の名称及び数量

b　販売又は授与の年月日

c　譲受人の氏名、職業及び住所（法人にあっては、その名称及び主たる事務所の所在地）

d　毒物又は劇物の使用目的

e　毒物又は劇物の製造年月日

(1)　（a、b、c）　　(2)　（a、c、d）　　(3)　（a、b、e）

(4)　（b、d、e）　　(5)　（c、d、e）

12 毒物及び劇物取締法の規定に照らし、次のうち、毒物劇物営業者が毒物又は劇物を販売するときに譲受人から提出を受ける書面の保存期間として、正しいものを選びなさい。

(1)　販売した日から6ヵ月間　　(2)　販売した日から1年間

(3)　販売した日から3年間　　(4)　販売した日から5年間

(5)　販売した日から10年間

13 次の文章は、毒物及び劇物取締法施行令に規定する毒物又は劇物の廃棄方法に関する条文の一部である。（　　）にあてはまる語句の組み合わせとして正しいものを選びなさい。

　中和、（　ア　）、酸化、還元、（　イ　）その他の方法により、毒物及び劇物並びに法第11条第2項に規定する政令で定める物のいずれにも該当しない物とすること。

	ア	イ
(1)	生物分解	稀釈
(2)	電気分解	放出
(3)	電気分解	脱水
(4)	加水分解	放出
(5)	加水分解	稀釈

14 次の記述は、政令第40条の5第2項に基づき、臭素を車両を使用して1回に5000キログラム以上運搬する場合について述べたものである。誤っているものはどれか。下から1つ選び、その番号を答えなさい。

(1) 車両に掲げる標識は、0.3メートル平方の板に地を黒色、文字を白色として「毒」と表示し、車両の前後の見やすい箇所に掲げなければならない。

(2) 車両には、防毒マスク、ゴム手袋、その他事故の際に応急の措置を講ずるために必要な保護具で厚生労働省令で定めるものを1人分のみ備えなければならない。

(3) 車両には、運搬する毒物又は劇物の名称、成分及びその含量並びに事故の際に講じなければならない応急の措置の内容を記載した書面を備えなければならない。

(4) 車両の運転者の運転時間が、一日あたり9時間を超える場合には、車両1台について、運転者のほか交替して運転する者を同乗させなければならない。

15 次の文章は、毒物または劇物の事故が起きた場合の措置について述べたものである。毒物及び劇物取締法の規定に照らし、（　　）にあてはまる語句の組み合わせとして正しいものを選びなさい。

　毒物劇物営業者及び特定毒物研究者は、取り扱っている毒物又は劇物が飛散し、漏れ、流れ出、しみ出、又は地下にしみ込んだ場合において、不特定又は多数の者に危害が生じるおそれがある場合、直ちに、その旨を（　ア　）、警察署又は（　イ　）に届け出なければならない。

　また、取り扱っている毒物又は劇物が盗難にあい、又は紛失したときは、（　ウ　）、その旨を警察署に届け出なければならない。

	ア	イ	ウ
(1)	市町村役場	医療機関	直ちに
(2)	保健所	医療機関	5日以内に
(3)	保健所	消防機関	直ちに
(4)	市町村役場	消防機関	5日以内に
(5)	保健所	医療機関	直ちに

基礎化学
（一般・農業用品目・特定品目共通）

1 次の物質のうち、化合物を選びなさい。

(1) ドライアイス　　(2) 空気　　(3) 石油

(4) ダイヤモンド　　(5) 石灰水

2 銅（Cu）には、質量数63と質量数65の同位体が存在する。この２種類の同位体で異なるものを選びなさい。

(1) 原子番号　　(2) 陽子数　　(3) 中性子数

(4) 電子数　　(5) 化学的な性質

3 質量数35、原子番号17の塩素イオンCl⁻の陽子数、中性子数及び電子数の組み合わせとして正しいもの選びなさい。

	陽子数	中性子数	電子数
(1)	17	18	16
(2)	17	18	17
(3)	17	18	18
(4)	16	18	17
(5)	18	17	17

4 融点が６℃、沸点が80℃の化合物がある。次の文章のうち、この化合物の物質の状態の説明で誤りのあるものを選びなさい。

(1) 50℃において、この化合物の分子は、自由に移動できる状態であるが、体積はほぼ一定である。

(2) 10℃において、この化合物の分子は隙間なく並び、その場でわずかに振動しており、体積はほぼ一定である。

(3) 90℃において、この化合物の分子は激しく飛び回り分子間の隙間は大

きくなり、体積も自由に変わる。

(4) 0℃において、この化合物は、固体と呼ばれる状態である。

(5) 6℃から80℃においては、温度が上がるにつれて分子間力を越えるエネルギーを持つ分子の数が増加する。

第3回

5 水酸化ナトリウム100グラムの物質量は何molか。ただし、原子量は、ナトリウムを23、酸素を16、水素を1とする。

(1) 0.25　　(2) 0.4　　(3) 1.0　　(4) 2.5

6 次の式は、黒鉛が完全燃焼するときの熱化学方程式である。
C（黒鉛）＋O_2（気体）＝CO_2（気体）＋394kJ

次の文章のうち、誤りのあるものを選びなさい。ただし、原子量はC＝12とする。

(1) 黒鉛（炭素）の燃焼熱は、394kJである。

(2) 二酸化炭素の生成熱は、394kJである。

(3) 炭素1gを燃焼させると、約32.8kJの熱量を発生する。

(4) 炭素原子1molを燃焼させるために、394kJの熱量が必要である。

(5) 二酸化炭素が分解して黒鉛と酸素を生じる反応は、吸熱反応である。

7 次の化合物を水に溶かしたとき、その水溶液が塩基性を示す物を選びなさい。

(1) CO_2　　(2) SO_2　　(3) Na_2CO_3　　(4) Na_2SO_4　　(5) NaCl

8 水酸化ナトリウム0.4gを10ℓの水が入っている容器に溶かしたときのpHとして、正しい値に最も近いものを選びなさい。

ただし、水溶液の体積は増減なく、水酸化ナトリウムの電離度は1、原子量はH：1、O：16、Na：23とする。

(1) pH2　　(2) pH3　　(3) pH10　　(4) pH11　　(5) pH12

9 次の単体、化合物のうちの下線を引いた硫黄原子の酸化数のうち、もっとも大きい酸化数をもつものを選びなさい。

(1) $\underline{S}$　　(2) $\underline{S}O_2$　　(3) $Na_2\underline{S}_2O_4$　　(4) $Cu\underline{S}$　　(5) $Cu\underline{S}O_4$

10 次の化学反応式のうち、酸化還元反応でないものを選びなさい。

(1) $2\,CO + O_2 \;\rightarrow\; 2\,CO_2$

(2) $N_2 + 3\,H_2 \;\rightarrow\; 2\,NH_3$

(3) $2\,KI + Cl_2 \;\rightarrow\; 2\,KCl + I_2$

(4) $HCl + NaOH \;\rightarrow\; NaCl + H_2O$

(5) $H_2SO_4 + Fe \;\rightarrow\; FeSO_4 + H_2$

11 次の元素のうち、すべて金属元素の組み合わせであるものを選びなさい。

(1) （Li、F、Al）　　(2) （Na、S、Ca）　　(3) （Ti、Fe、Au）

(4) （B、Ar、As）　　(5) （P、Zn、Cd）

12 次の記述から、金属A、金属B、金属Cと水素Hのイオン化傾向の大小について正しいものを選びなさい。

ア　金属Cを金属Aの化合物の水溶液に入れたら、金属Aが析出した。

イ　金属A、金属B、金属Cのうち、金属Bは、水と反応した。

ウ　金属A、金属B、金属Cのうち、金属Aは希硫酸と反応しなかった。

(1) $A > H > B > C$　　(2) $A > C > H > B$　　(3) $B > H > A > C$

(4) $B > H > C > A$　　(5) $B > C > H > A$

13 ある陽イオンを含む水溶液A、水溶液Bについて、それぞれ実験1、実験2を行った。次の各設問に答えなさい。

実験1　水溶液Aを白金線につけてガスバーナーの炎の中に入れたところ、炎が黄色になった。

実験2　水溶液Bにアンモニア水を加えると白色ゼリー状の沈殿を生じた。この沈殿に水酸化ナトリウム水溶液を加えると沈殿は消えた。

（設問1）　水溶液Aに含まれている陽イオンはどれか選びなさい。

（設問2）　水溶液Bに含まれている陽イオンはどれか選びなさい。

(1)　Zn^{2+}　　(2)　Na^+　　(3)　Ba^{2+}　　(4)　Cu^{2+}　　(5)　Fe^{3+}

14　次の化合物のうち、カルボキシル基を有するものはどれか。

(1)　アセトアルデヒド　　(2)　アセトン　　(3)　酢酸　　(4)　エタノール

毒物及び劇物の性質、貯蔵、識別、取扱方法、実地 （一般）

1 次の物質のうち、毒物に該当するものはどれか。

(1) シアン酸ナトリウム　　(2) アリルアルコール
(3) 塩化第一水銀　　　　　(4) モノクロル酢酸

2 次の（　A　）及び（　B　）にあてはまる語句の組み合わせで正しいものはどれか。

　硫酸の希釈水溶液に塩化バリウムを加えると、（　A　）の硫酸バリウムの沈殿が生じるが、この硫酸バリウムの沈殿は硝酸に（　B　）。

	A	B
(1)	黒色	溶ける
(2)	黒色	溶けない
(3)	白色	溶ける
(4)	白色	溶けない

3 次の記述のうち、正しいものはどれか。

(1) ブロムメチルは、揮発性の液体であるため、容器は密閉容器を用いて、通風のよい冷所に保存する。
(2) フッ化水素酸は、強い腐食性があるため、ガラス製の遮光瓶に保存する。
(3) 黄リンは、空気に触れると発火しやすいので、アルコール中に沈めて保存する。
(4) ベタナフトールは、空気や光線にふれると赤変するため、遮光して保存する。

4 次の鑑識法により同定される劇物はどれか。

本品にアンモニア水を加えてアルカリ性とし、さらに硝酸銀溶液を加えると徐々に金属銀が析出する。

また、本品をフェーリング溶液とともに熱すると、赤色の沈殿が生じる。

(1) ホルムアルデヒド　　(2) メタノール

(3) 塩素酸カリウム　　(4) フェノール

5 次の記述のうち、モノフルオール酢酸ナトリウムの毒性に関するものはどれか。

(1) 血液中のコリンエステラーゼと結合し、アセチルコリンの蓄積を招くことにより、頭痛、めまい、縮瞳などの症状を引き起こす。

(2) 生体細胞内のTCAサイクルが阻害され、歩行障害、頭痛、嘔吐などを起こす。重症の場合は、チアノーゼ、不整脈などにより心臓障害で死に至る。

(3) 血中に入るとメトヘモグロビンをつくり、中枢神経や心臓、眼の結膜、肺に障害を与える。

(4) 血液中の血清カルシウムを奪うことにより、神経系を侵す。急性中毒症状としては胃痛、嘔吐などの他、腎障害がある。

6 次の物質のうち、常温常圧下で固体のものはどれか。

(1) クロルピクリン　　(2) シュウ酸

(3) 塩化第二錫　　(4) アクリルニトリル

7 次の物質のうち、最も揮発性の強いものはどれか。

(1) アニリン　　(2) ニトロベンゼン

(3) トルイジン　　(4) 二硫化炭素

8 次の廃棄方法のうち、シアン化銀の廃棄方法として最も適切なものはどれか。

(1) 固化隔離法　　(2) 酸化沈殿法　　(3) 中和法　　(4) 活性汚泥法

9 次の物質とその性質との組み合わせのうち、最も適切なものはどれか。

(1) 水酸化ナトリウム―風解性　　(2) 重クロム酸ナトリウム―還元性

(3) クロルピクリン―催涙性　　(4) 四塩化炭素―引火性

10 次の記述のうち、正しいものはどれか。

(1) 硝酸銀を水に溶かして塩酸を加えると、褐色の塩化銀が沈殿する。

(2) 無水硫酸銅は白色の粉末で、空気中の水分を吸ってしだいに青色を呈する。

(3) トルエンには、オルト、メタ、パラの3種類の異性体が存在する。

(4) 五塩化リンは、水により加水分解して塩素とリン酸を生成する。

11 塩素酸カリウムの常温常圧下での性状として正しいものはどれか。

(1) 無色の単斜晶系板状の結晶で、水に溶けないが、アルコールによく溶ける。

(2) 無色の単斜晶系板状の結晶で、水に溶けるが、アルコールには溶けにくい。

(3) 紅色又は暗赤色の結晶で、水に溶けないが、アルコールによく溶ける。

(4) 紅色又は暗赤色の結晶で、水に溶けるが、アルコールには溶けにくい。

12 塩素酸カリウムの用途として最も適するものはどれか。

(1) メッキ　　(2) 乾燥剤　　(3) 煙火　　(4) 顔料

13 アジ化ナトリウムの常温常圧下での性状として正しいものはどれか。

(1) 無色無臭の結晶で、水に溶けるが、エーテルには溶けない。
(2) 無色無臭の結晶で、水に溶けないが、アルコールにはよく溶ける。
(3) 黄色で刺激臭のある結晶で、水に溶けるが、エーテルには溶けない。
(4) 黄色で刺激臭のある結晶で、水に溶けないが、アルコールにはよく溶ける。

14 アジ化ナトリウムの用途として最も適するものはどれか。

(1) 防錆剤　　(2) 染料固着剤　　(3) 防腐剤　　(4) 漂白剤

15 硝酸タリウムの常温常圧下での性状として正しいものはどれか。

(1) 橙赤色の柱状結晶で、水に溶けにくく、沸騰水にはよく溶け、アルコールには溶けない。
(2) 橙赤色の柱状結晶で、水に溶けやすく、アルコールには溶けない。
(3) 白色の結晶で、水に溶けにくく、アルコールにはよく溶ける。
(4) 白色の結晶で、水に溶けにくく、沸騰水にはよく溶け、アルコールには溶けない。

16 硝酸タリウムの用途として最も適するものはどれか。

(1) 接着剤　　(2) 乳化剤　　(3) 殺鼠剤　　(4) 乾燥剤

17 2・2'－ジピリジリウムー1・1'－エチレンジブロミド（別名ジクワット）の常温常圧下での性状として正しいものはどれか。

(1) 褐色の液体で、水に溶ける。

(2) 褐色の液体で、水に溶けない。

(3) 淡黄色の結晶で、水に溶ける。

(4) 淡黄色の結晶で、水に溶けない。

18 2・2'－ジピリジリウムー1・1'－エチレンジブロミド（別名ジクワット）の用途として最も適するものはどれか。

(1) 殺鼠剤　　(2) 除草剤　　(3) 殺菌剤　　(4) 殺虫剤

19 アクリルアミドの常温常圧下での性状として正しいものはどれか。

(1) 無色の結晶で、水に溶けるが、エタノール、エーテルには溶けない。

(2) 無色の結晶で、水、エタノール、エーテルに溶ける。

(3) 無色の液体で、水に溶けるが、エタノール、エーテルには溶けない。

(4) 無色の液体で、水、エタノール、エーテルに溶ける。

20 アクリルアミドの用途として最も適するものはどれか。

(1) 土質改良剤　　(2) 乾燥剤　　(3) 酸洗剤　　(4) 写真感光剤

毒物及び劇物の性質、貯蔵、識別、取扱、実地
（農業用品目）

1 次の①〜⑦に示す**毒物**または**劇物**の用途として最も適当なものを、下のア〜ケからそれぞれ1つ選びなさい。

① 硫酸タリウム　　② ナラシン　　③ クロルピリホス

④ 塩素酸ナトリウム　　⑤ ブラストサイジンS

⑥ ジノカップ（DPC）　　⑦ 硫酸

ア　稲のイモチ病の防除　　イ　肥料、各種化学薬品の製造

ウ　しろあり防除　　エ　ウドンコ病の殺菌

オ　土壌燻蒸剤　　カ　殺鼠剤　　キ　松くい虫の防除

ク　飼料添加物　　ケ　除草剤

2 次の①〜⑥に示す**毒物**または**劇物**のうち、農業用品目販売業者が販売可能な品目には○印を、そうでない品目には×印を選びなさい。

① 塩酸　　② アンモニア　　③ クロロホルム

④ 塩基性塩化銅　　⑤ 黄リン　　⑥ ピクリン酸

3 次の①〜⑦に示す**毒物**または**劇物**の人体に対する影響について、最も該当するものを下のア〜キからそれぞれ1つ選びなさい。

① ベンゾエピン　　② DDVP（ジクロルボス）　　③ 塩素酸塩類

④ リン化亜鉛　　⑤ 硫酸　　⑥ アンモニア水

⑦ シアン化ナトリウム

ア　吸入した場合、激しく鼻やのどを刺激し高濃度のガスを吸うと喉頭けいれんを起こす。

イ　皮膚に触れると、激しいやけどを起こす。

ウ　吸入した場合、ミトコンドリアの呼吸酵素阻害により、めまい、悪心、意識不明、呼吸麻痺などを起こす。

エ　コリンエステラーゼ阻害による縮瞳、皮膚や粘膜からの分泌亢進。

オ　胃および肺で胃酸や水と反応してホスフィンを生成することにより中毒を起こす。

カ　メトヘモグロビン血症によるチアノーゼ。

キ　振戦、間代性及び強直性けいれんを起こす。

4 次の①〜⑤に示す毒物または劇物の貯蔵法として最も適当なものを、下のア〜オからそれぞれ1つ選びなさい。

①　臭化メチル　　②　硫酸　　③　ホストキシン

④　フルバリネート　　⑤　塩素酸カリウム

ア　水を吸収して発熱するため、密栓して貯蔵する。

イ　酸性には安定であるが、太陽光、アルカリには不安定なので、遮光して保存する。

ウ　圧縮冷却して液化し、圧縮容器に入れ、直射日光、その他温度上昇の原因を避けて冷暗所に貯蔵する。

エ　可燃物が混在すると、加熱、摩擦等により爆発するので、火気、直射日光を避け密栓をして、乾燥した冷暗所に貯蔵する。

オ　空気中の湿気に触れると猛毒のガスを発生するため、密栓し通気のよい冷暗所に貯蔵する。

5 次の①〜⑤に示す毒物または劇物を廃棄するのに最も適当な方法を、下のア〜オからそれぞれ1つ選びなさい。

①　シアン化ナトリウム　　②　塩素酸カリウム　　③　アンモニア水

④　硫酸亜鉛　　⑤　クロルピクリン

ア　水で希薄な水溶液とし、酸で中和させた後、多量の水で希釈して処理する。

イ　チオ硫酸ナトリウムの水溶液に希硫酸を加えて酸性にし、この中に少量ずつ投入する。反応終了後、反応液を中和し多量の水で希釈して処理する。

ウ　水に溶かし、消石灰、ソーダ灰等の水溶液を加えて処理し、沈殿ろ過して埋立処分する。

エ　少量の界面活性剤を加えた亜硫酸ナトリウムと炭酸ナトリウムの混合
　　溶液中で撹拌し分解させた後、多量の水で希釈して処理する。

オ　水酸化ナトリウム水溶液でアルカリ性とし、高温加圧下で加水分解す
　　る。

6　次の①～⑦に示す**毒物または劇物の代表的な性状**について、**最
も適当なもの**を下のア～キからそれぞれ1つ選びなさい。

①　ロテノン　　②　臭化メチル　　③　MPP（フェンチオン）
④　PAP（フェントエート）　　⑤　シアン化カリウム
⑥　硫酸銅（五水和物）　　⑦　モノフルオール酢酸ナトリウム

ア　赤褐色、油状の液体で、芳香性刺激臭を有し、アルコール、エーテル
　　に溶ける。

イ　重い白色の粉末で吸湿性があり、からい味と酢酸の臭いとを有する。

ウ　青色ないし群青色の大きい結晶、顆粒又は粉末。空気中でゆるやかに
　　風解する。

エ　弱いにんにく様の臭気がある。有機溶媒には溶けるが水にほとんど溶
　　けない。

オ　無色無臭の有毒な気体であるが、濃度大のときは甘いクロロホルム様
　　の臭気がある。

カ　斜方六面体結晶。光および空気に対して不安定であり、水にほとんど
　　溶けない。

キ　白色の粉末または粒状物。潮解性があり、空気中では二酸化炭素と湿
　　気を吸って徐々に分解する。

7　次の①～⑦に示す**毒物または劇物の鑑定方法**について**最も適当
なもの**を、下のア～キからそれぞれ1つ選びなさい。

①　アンモニア水　　②　硫酸亜鉛　　③　ホストキシン　　④　硫酸
⑤　塩素酸カリウム　　⑥　ニコチン　　⑦　クロルピクリン

ア　水溶液に酒石酸を多量に加えると白色の結晶を生じる。

イ　水で薄めると激しく発熱する。またショ糖を炭化して黒変させる。

ウ　空気中で発生するガスは5〜10％硝酸銀溶液を吸着させたろ紙を黒変させる。

エ　このエーテル溶液にヨードのエーテル溶液を加えると、褐色の沈殿が生じ、これを放置すると赤色の針状結晶となる。

オ　水溶液に金属カルシウムを加えこれにベタナフチルアミンおよび硫酸を加えると、赤色の沈殿を生ずる。

カ　濃塩酸をうるおしたガラス棒を近づけると白い霧を生じる。

キ　水に溶かしてから硫化水素を通じると、白色の沈殿を生じる。

8 次の記述について、正しいものに○印、誤っているものに×印を選びなさい。

① クロルピクリンは3％以下の濃度で劇物から除外される。

② パラコートは無色の液体で水に溶けない。

③ EPNは有機リン化合物である。

④ メトミルはカーバメート系の薬物である。

⑤ ロテノン2％以下を含有する製剤は劇物から除外される。

⑥ ニコチンはたばこ葉中のアルカロイドで毒性は小さいが、慢性的に摂取することで肺がんの発生率を高めるため劇物に指定されている。

毒物及び劇物の性質、貯蔵、識別、取扱、実地（特定品目）

1 過酸化水素を含有する製剤で、劇物の指定から除外される上限の濃度について正しいものはどれか。

(1) 1％ (2) 3％ (3) 5％ (4) 6％ (5) 7％

2 次の物質のうち、劇物に該当するものはどれか。

(1) 5％アンモニア (2) 10％硫酸 (3) 60％クロム酸鉛
(4) 酸化鉛 (5) 5％塩酸

第3回

3 硫酸の性状に関する記述について、（　）の中にあてはまる最も適した字句はどれか。

（　a　）の油状液体で粗製のものは微褐色のものもある。濃硫酸は吸湿性が強く、水で薄めると（　b　）する。また、有機物を黒変させる。塩化バリウムを加えると（　c　）の硫酸バリウムを沈殿する。この沈殿物は、塩酸、硝酸に溶けない。

a (1) 乳白色 (2) 無色透明 (3) 橙黄色 (4) 暗緑色 (5) 赤色
b (1) 発色 (2) 発熱 (3) 発火 (4) 凝縮 (5) 沈殿
c (1) 黒色 (2) 白色 (3) 黄褐色 (4) 褐色 (5) 青紫色

4 トルエンの性状に関する記述について、（　）の中にあてはまる最も適した字句はどれか。

（　a　）の液体であり、可燃性がある。（　b　）をもつ揮発性の液体で、水には溶けず、アルコール、エーテル、ベンゼンに溶ける。（　c　）があり、習慣性、耐性ができる。

a (1) 白色 (2) 無色 (3) 黄色 (4) 青色 (5) 赤紫色
b (1) ベンゼン臭 (2) 腐卵臭 (3) にんにく臭 (4) アーモンド臭
　 (5) アンモニア臭

111

c　(1)　腐蝕性　(2)　吸湿性　(3)　催涙性　(4)　麻酔性　(5)　潮解性

5　次の文章は、ある物質を識別するための特性について述べたものである。該当する物質はどれか。

　白色の固体であり、空気中に放置すると、潮解して徐々に炭酸ソーダの皮層を生ずる。水に可溶で水溶液は赤色リトマス紙を青色にする。

(1)　水酸化カルシウム　　　(2)　水酸化ナトリウム　　　(3)　塩化水素
(4)　四塩化炭素　　　　　　(5)　クロム酸カリウム

6　酢酸エチルの性状、廃棄方法、貯蔵方法に関する記述について、正しいものの組み合わせはどれか。

　a　無色透明の液体である。
　b　化学式（示性式）は$C_2H_5COOC_2H_5$である。
　c　「廃棄の方法に関する基準」によるとケイソウ土等に吸収させて、開放型の焼却炉で焼却する。
　d　開放して冷暗所に貯蔵する。

(1)　(a、b)　　(2)　(a、c)　　(3)　(a、d)
(4)　(b、c)　　(5)　(b、d)

　以下は、メチルエチルケトンの化学物質安全性データシートの一部である。問 **7** ～ **11** に答えよ。

化学物質安全性データシート
作成日　平成21年2月8日
氏名　株式会社▲▲▲▲　　　住所　▲▲▲▲▲▲　▲▲－▲
電話番号　00－0000－0000
【製品名】メチルエチルケトン
【物質の特定】英名：methylethylketone
　　　　　　　　化学式（示性式）：（　ア　）
　　　　　　　　CAS番号：78－93－3

【危険有害性の分類】（　イ　）、有害性物質
【物理／化学的性質】外観等：（　ウ　）　臭い：（　エ　）

分子量：72.11　溶解性：水に溶けやすい

蒸気圧（kPa）：10.5kPa（20℃）　沸点（℃）：79.5

融点（℃）：－86.9　比重：0.80

【廃棄上の注意】（　オ　）
【応急措置】（　カ　）

7　（　ア　）にあてはまる化学式（示性式）として、正しいものはどれか。

(1)　$CH_2(OH)CH(OH)C_2H_5$　　(2)　$CH_3COOC_2H_5$

(3)　$C_6H_5CH_3$　(4)　$C_2H_5COC_2H_5$　(5)　$CH_3COC_2H_5$

8　（　イ　）にあてはまる字句として、正しいものはどれか。

(1)　アルカリ性物質　　(2)　引火性物質　　(3)　酸性物質

(4)　爆発性物質　　(5)　発煙性物質

9　（　ウ　）、（　エ　）にあてはまる最も適した字句の組み合わせについて、正しいものはどれか。

	（ウ）	（エ）
(1)	黄色結晶	フェノール様臭
(2)	無色結晶	アセトン様の芳香
(3)	無色結晶	無臭
(4)	無色液体	フェノール様臭
(5)	無色液体	アセトン様の芳香

10　（　オ　）にあてはまる廃棄上の注意について、「毒物又は劇物の廃棄の方法に関する基準」による廃棄方法はどれか。

(1)　多量の水を用いて希釈し、酸化剤の水溶液を少量ずつ加えて酸化分解

させた後、希硫酸を加えて中和する。

(2) ケイソウ土等に吸収させて開放型の焼却炉で焼却する。

(3) 水酸化ナトリウムまたは消石灰の水溶液で中和した後、多量の水で希釈して処理する。

(4) 還元剤の水溶液に希硫酸を加えて酸性にし、この中に少量ずつ投入する。

(5) 水酸化ナトリウム水溶液を加えてアルカリ性とし、酸化剤の水溶液を加えて酸化分解する。

11 （　カ　）にあてはまる暴露・接触時の措置に関する記述の正誤について、正しい組み合わせはどれか。

a　皮膚に触れた場合は、直ちに汚染された衣服やくつを脱がせる。直ちに付着又は接触部を石けん水又は多量の水で十分に洗い流す。

b　眼に入った場合は、直ちに多量の水で15分間以上洗い流す。

c　吸入した場合は、直ちに患者を毛布等にくるんで安静にさせ、新鮮な空気の場所に移す。呼吸困難又は呼吸が停止しているときは直ちに人工呼吸を行う。

	a	b	c
(1)	正	正	正
(2)	正	誤	正
(3)	誤	正	誤
(4)	正	正	誤
(5)	誤	誤	誤

12 過酸化水素、塩化水素、メタノールに関する記述の正誤について、正しい組み合わせはどれか。

a　分子量はメタノール、塩化水素、過酸化水素の順に大きい。

b　3物質ともに劇物に該当する。

c　塩化水素は、無色の気体で刺激臭を有し、濃度が高いものは強く発煙するので引火性がある。

d　過酸化水素は、還元剤として働くので、ヨウ化カリウムでんぷん紙を青変する。

e　メタノールは、褐色の揮発性液体である。

	a	b	c	d	e
(1)	正	正	正	正	誤
(2)	正	正	誤	誤	正
(3)	正	誤	正	正	正
(4)	誤	正	誤	誤	誤
(5)	誤	誤	誤	正	正

クロム酸ナトリウムに関する記述について、正しいものはどれか。

(1)　鉛(Ⅱ)イオンを含む溶液にクロム酸ナトリウムを加えると黄色の沈殿が生じる。

(2)　黒色の結晶である。

(3)　アルコールによく溶けるが、水には溶けない。

(4)　風解性があり、密栓して貯蔵する。

(5)　廃棄方法は、燃焼法を利用する。

14　**次の物質の人体に及ぼす影響に関する記述について、正しい組み合わせはどれか。**

a　濃硫酸は、人体に接触すると、はげしいやけど（薬傷）を起こさせる。

b　メタノールを摂取すると、視神経がおかされ、目がかすみ、失明に至ることがある。

c　ホルマリンの蒸気を吸入すると、麻酔作用がある。

d　四塩化炭素の蒸気を吸入すると、めまい、頭痛、吐き気をおぼえ、はなはだしい場合は、嘔吐、意識不明などを起こす。

	a	b	c	d
(1)	誤	誤	正	正

(2)	正	誤	誤	誤
(3)	正	誤	誤	正
(4)	正	正	誤	正
(5)	誤	正	正	誤

15 クロロホルムの漏えい、飛散時の措置として、最も適切なものはどれか。

(1) 漏えいした液は、土砂等でその流れを止め、これに吸着させるか、又は安全な場所に導いて、遠くから徐々に注水してある程度希釈した後、消石灰、ソーダ灰等で中和し、多量の水を用いて洗い流す。

(2) 漏えいした液は、土砂等でその流れを止め、安全な場所に導き、空容器にできるだけ回収し、そのあと中性洗剤等の分散剤を使用して洗い流す。

(3) 付近の着火源となるものを速やかに取り除き、漏えいした液は、土砂等でその流れを止め、安全な場所に導き、液の表面を泡で覆い、できるだけ空容器に回収する。

(4) 飛散したものは、空容器にできるだけ回収し、そのあとを還元剤（硫酸第一鉄等）の水溶液を散布し、消石灰、ソーダ灰等の水溶液で処理したのち、多量の水を用いて洗い流す。

(5) 周辺にはロープを張るなどして、人の立入りを禁止し、禁水を標示する。

16 次の物質に関する記述の正誤について、正しい組み合わせはどれか。

a 塩素は、常温では黄緑色の気体で、漂白力、殺菌力がある。

b 重クロム酸カリウムは、還元剤として働く。

c 水酸化カリウムは、青酸カリとも呼ばれる。

d キシレンの廃棄方法は、燃焼法を利用して廃棄する。

	a	b	c	d
(1)	正	正	正	誤

(2)　正　　　誤　　　誤　　　誤

(3)　正　　　誤　　　誤　　　正

(4)　誤　　　誤　　　正　　　正

(5)　誤　　　正　　　誤　　　誤

第3回

毒物劇物取扱者試験

解答・解説

毒物及び劇物に関する法規
（一般・農業用品目・特定品目共通）

1 **解答** (1) ○　(2) ×　(3) ×　(4) ×　(5) ×

解説 毒劇法の目的は、毒物および劇物について、保健衛生上の見地から必要な取締を行うことです。

2 **解答** (1) ×　(2) ○　(3) ×　(4) ×　(5) ×

解説 イ、ウ、エは劇物に該当します。

3 **解答** (1) ×　(2) ×　(3) ×　(4) ×　(5) ○

　ア　輸入ではなく、販売してはなりません。

　ウ　特定毒物研究者は、特定毒物を輸入することもできます。

4 **解答** (1) ×　(2) ×　(3) ○　(4) ×　(5) ×

解説 毒物または劇物の販売業の登録は6年ごとに、製造業と輸入業は5年ごとに更新を受けなければなりません。

5 **解答** (1) ×　(2) ○　(3) ×　(4) ×　(5) ×

解説 毒劇法第6条の2第3項第3号の内容から、(2)の語句の組み合わせを選びます。

6 **解答** (1) ×　(2) ○　(3) ×　(4) ×　(5) ×

解説 毒劇法第8条第1項の内容から、(2)の語句の組み合わせを選びます。

7 **解答** (1) ○　(2) ×　(3) ×　(4) ×　(5) ×

　イ　毒物または劇物の製造業者が登録を受けた毒物以外の毒物を製造する場合は、あらかじめ登録の変更を受けなければなりません。

ウ　毒物劇物取扱責任者の住所変更については、毒劇法による届出の定めはありません。

エ　法人である毒物劇物営業者の場合、代表者の変更に関する届出の義務は、毒劇法には定められていません。

8　**解答**　(1)　×　　(2)　×　　(3)　○　　(4)　×　　(5)　×

解説　毒劇法第21条第1項の内容から、(3)の語句の組み合わせを選びます。

9　**解答**　(1)　×　　(2)　×　　(3)　×　　(4)　○　　(5)　×

解説　イ　毒物、劇物ともに、陳列する場所には、かぎをかける設備もしくは周囲に堅固な柵等を設ける必要があります。

10　**解答**　(1)　○　　(2)　×　　(3)　×　　(4)　×　　(5)　×

解説　毒劇法第12条第1項、同第2項の内容から、(1)の語句の組み合わせを選びます。

11　**解答**　(1)　○　　(2)　×　　(3)　×　　(4)　×　　(5)　×

解説　毒物または劇物の使用目的、毒物または劇物の製造年月日は記載しておかなければならない事項に定められていません。

12　**解答**　(1)　×　　(2)　×　　(3)　×　　(4)　○　　(5)　×

解説　毒劇法第14条第4項にて、販売または授与した日から5年間の保存が定められています。

13　**解答**　(1)　×　　(2)　×　　(3)　×　　(4)　×　　(5)　○

解説　厚生労働省令により、正しい語句の組み合わせは(5)となります。

14　**解答**　(1)　○　　(2)　×　　(3)　○　　(4)　○

解説　(2)　1人分のみではなく、2人分以上備えなければなりません。

15　**解答**　(1)　×　　(2)　×　　(3)　○　　(4)　×　　(5)　×

解説　毒劇法第16条の2の内容から、(3)の語句の組み合わせを選びます。

基礎化学
（一般・農業用品目・特定品目共通）

1 　**解答** (1) ○　　(2) ×　　(3) ×　　(4) ×　　(5) ×

[解説] (2)、(3)、(5)は混合物、(4)は純物質となります。

2 　**解答** (1) ×　　(2) ○　　(3) ○　　(4) ×　　(5) ×

[解説] 同位体とは原子番号が等しく、質量数が異なる元素のことで、言い換えれば陽子、電子の数は同じだが、中性子の数が異なる元素のことです。

3 　**解答** (1) ×　　(2) ×　　(3) ○　　(4) ×　　(5) ×

[解説] 原子番号＝陽子の数で、質量数＝陽子の数＋中性子の数となります。また、イオン化していることから電子（e^-）の数は（陽子＋1）となります。

4 　**解答** (1) ○　　(2) ×　　(3) ○　　(4) ○　　(5) ○

[解説] (2) 10℃においても(1)と同様に、この化合物の分子は自由に移動できる状態であり、体積はほぼ一定となります。

5 　**解答** (1) ×　　(2) ×　　(3) ×　　(4) ○

[解説] 水酸化ナトリウム1molの物質量は23＋16＋1＝40g

これにより、水酸化ナトリウム100gの物質量は100/40＝2.5molとなります。

6 　**解答** (1) ○　　(2) ○　　(3) ○　　(4) ×　　(5) ○

[解説] (4) 設問の反応式は符号が＋で発熱反応のため、正しくは、「炭素原子1molを燃焼させると394kJの熱量が発生する」となります。

7 　**解答** (1) ×　　(2) ×　　(3) ○　　(4) ×　　(5) ×

[解説] (3) 弱酸と強塩基からなる化合物Na_2CO_3は一部が加水分解して弱アルカリ性を示します。

8 　**解答** (1) ×　　(2) ×　　(3) ×　　(4) ○　　(5) ×

[解説] 0.4gの水酸化ナトリウム溶液10ℓの規定濃度は、0.4/40/10＝0.001（mol/ℓ）

また、水溶液中の水酸化ナトリウムはNa^+とOH^-に電離していて、水

酸化ナトリウムの電離度が1なので、水酸化物イオン（OH⁻）も0.001（mol/ℓ）生成しています。

そこで$[OH^-] = 10^{-3}$となり、水イオン積$[H^+][OH^-] = 10^{-14}$から、$[H^+] = 10^{-11}$　つまりpH＝11となります。

9 　解答　(1) ×　　(2) ×　　(3) ×　　(4) ×　　(5) ○

〔解説〕　それぞれの酸化数は(1)が0、(2)が＋4、(3)が＋3、(4)が－2、(5)が＋6となります。

10 　解答　(1) ○　　(2) ○　　(3) ○　　(4) ×　　(5) ○

〔解説〕　(4)　この反応は酸と塩基の中和反応で、どの原子についても酸化数の増減がなく、電子の授受を伴っていないため、酸化還元反応ではありません。

11 　解答　(1) ×　　(2) ×　　(3) ○　　(4) ×　　(5) ×

〔解説〕　(1)はフッ素が、(2)はイオウが、(4)はホウ素、アルゴン、ヒ素の3つともが、(5)はリンが金属元素ではありません。

12 　解答　(1) ×　　(2) ×　　(3) ×　　(4) ×　　(5) ○

〔解説〕　アの反応からC＞A、イの反応からB＞A・C・H、ウの反応からB・C＞H＞Aとなるため、(5)が正解となります。

13 　設問1　解答　(1) ×　　(2) ○　　(3) ×　　(4) ×　　(5) ×

〔解説〕　炎色反応が黄色となることから、(2)のナトリウムイオンを選びます。

　　　　　設問2　解答　(1) ○　　(2) ×　　(3) ×　　(4) ×　　(5) ×

〔解説〕　アンモニア水と反応して生成した白色ゼリー状沈殿が、水酸化ナトリウム水溶液を加えることで溶解したことから、(1)の亜鉛イオンを選びます。

14 　解答　(1) ×　　(2) ×　　(3) ○　　(4) ×

〔解説〕　カルボキシル基（－COOH）を持つ物質は、(3)の酢酸（CH₃COOH）です。

毒物及び劇物の性質、貯蔵、識別、取扱方法、実地（一般）

1　解答　(1)　×　(2)　○　(3)　×　(4)　×

(解説)　(2)　アリルアルコールは、毒物及び劇物取締法の別表第一第28号の規定に基づき、毒物及び劇物指定令第1条で指定されている毒物です。

2　解答　(1)　×　(2)　×　(3)　×　(4)　○

(解説)　硫酸バリウムの沈殿は白色で、硝酸には不溶です。

3　解答　(1)　×　(2)　×　(3)　×　(4)　○

(1)　ブロムメチルは揮発性の気体であるため、高圧ボンベなど専用の高圧ガス容器を用いて、通風のよい冷所に保存します。

(2)　フッ化水素酸は強い腐食性があり、金属、ガラス、コンクリートなども腐食するため、ポリエチレンまたはテフロンの耐腐食性容器に入れて保存します。

(3)　黄リンは空気に触れると発火しやすいので、水中に沈め、密栓して保存します。

4　解答　(1)　○　(2)　×　(3)　×　(4)　×

(解説)　設問の内容から、アルデヒド基を持つ還元性の物質であることがわかります。

5　解答　(1)　×　(2)　○　(3)　×　(4)　×

(解説)　(2)　生体細胞の主たるエネルギー生産手段であるTCAサイクルの阻害が、モノフルオール酢酸の大きな特徴となります。

6　解答　(1)　×　(2)　○　(3)　×　(4)　×

(解説)　(1)、(3)、(4)は常温常圧下で、いずれも液体です。

7　解答　(1)　×　(2)　×　(3)　×　(4)　○

(解説)　最も揮発性が高いのは、もっとも沸点の低い二硫化炭素になります。

8　解答　(1)　×　(2)　○　(3)　×　(4)　○

(解説)　通常シアン化銀の廃棄方法は、酸化剤でCN成分を分解したのち沈殿ろ過させ埋立処分します。

9 解答 (1) × (2) × (3) ○ (4) ×

解説 主な性質としては、(1)水酸化ナトリウム、(2)重クロム酸ナトリウムは潮解性を、(4)四塩化炭素は揮発性を有します。

10 解答 (1) × (2) ○ (3) × (4) ×

(1) 塩化銀は白色の沈殿になります。

(3) オルト、メタ、パラの3種類の異性体が存在するのはキシレンなどです。

(4) 五塩化リンは水により加水分解して塩化水素とリン酸トリクロリドを生成します。

11 解答 (1) × (2) ○ (3) × (4) ×

解説 常温常圧下での塩素酸カリウムは、無色の単斜晶系板状の結晶で、水には溶けますが、アルコールには溶けにくい性質を持ちます。

12 解答 (1) × (2) × (3) ○ (4) ×

解説 (1)〜(4)の中で最もあてはまる用途は(3)の煙火となります。

13 解答 (1) ○ (2) × (3) × (4) ×

解説 アジ化ナトリウム（別名ナトリウムアジド）は常温常圧下において白色無臭の六方晶形の結晶で、水にはよく溶けますが、エーテルには溶けません。

14 解答 (1) × (2) × (3) ○ (4) ×

解説 アジ化ナトリウムは(3)の防腐剤以外にも、農薬の原料や起爆剤など、さまざまな用途に利用されています。

15 解答 (1) × (2) × (3) × (4) ○

解説 常温常圧下での硝酸タリウムは、(4)に加え、不燃性などの性質を有する劇物です。

16 解答 (1) × (2) × (3) ○ (4) ×

解説 殺鼠剤のほか試薬などにも用いられます。

17 解答 (1) × (2) × (3) ○ (4) ×

解説 ジクワットは、常温常圧下において淡黄色の結晶で、水に溶けやすく、吸湿性を有する劇物です。

18 解答 (1) ✕　(2) ◯　(3) ✕　(4) ✕

解説 主に農薬として除草剤に用いられます。

19 解答 (1) ✕　(2) ◯　(3) ✕　(4) ✕

解説 アクリルアミドは、常温常圧下において無色の結晶で、水、エタノール、エーテルに可溶な劇物です。

20 解答 (1) ◯　(2) ✕　(3) ✕　(4) ✕

解説 農業分野で土質改良剤として用いられるほか、ポリアクリルアミドの製造原料、染料、合成樹脂の合成原料としても利用されています。

毒物及び劇物の性質、貯蔵、識別、取扱方法、実地（農業用品目）

1 解答 ① カ ② ク ③ ウ ④ ケ ⑤ ア ⑥ エ ⑦ イ

② ナラシンは主に動物薬として用いられる毒物で、飼料添加物のほか抗生物質、寄生虫駆除剤などに用いられます。

③ クロルピリホスは有機リン系の劇物で、主に殺虫剤として用いられます。

⑤ ブラストサイジンSは農業用殺菌剤の一種で、放線菌の生産物から分離した抗生物質です。イネのいもち病に特効があり、病原菌菌糸の生長をおさえる力が強い劇物です。

⑥ ジノカップ（DPC）は主に農薬に用いられる殺菌剤の劇物です。

2 解答 ① × ② ○ ③ × ④ ○ ⑤ × ⑥ ×

解説 アンモニア、塩基性塩化銅は農業用品目に指定されている劇物です。

3 解答 ① キ ② エ ③ カ ④ オ ⑤ イ ⑥ ア ⑦ ウ

① 有機塩素剤のベンゾエピンによる特徴的な症状は振戦、間代性および強直性けいれんです。

④ リン化亜鉛剤のリン化亜鉛による特徴的な症状は、胃および肺でのホスフィン生成です。

4 解答 ① ウ ② ア ③ オ ④ イ ⑤ エ

③ ホストキシン（別名リン化アルミニウム）は特定毒物に指定されている物質で、空気中の湿気に触れて分解すると猛毒のリン化水素（ホスフィン）を発生します。

④ フルバリネートは酸性下では安定ですが、太陽光やアルカリによって分解されやすいため、遮光して保存する必要がある劇物です。

5 解答 ① オ ② イ ③ ア ④ ウ ⑤ エ

① シアン化ナトリウムは設問のようにアルカリ法を用いるか、あるいは酸化法を用いて廃棄します。

② 塩素酸カリウムの廃棄には還元法を用います。

③　アンモニア水は中和法と希釈法を用いて廃棄します。

6　　**解答**　①　カ　②　オ　③　エ　④　ア　⑤　キ　⑥　ウ　⑦　イ

①　ロテノンは、斜方六面体の結晶、光および空気で分解されやすい、水に不溶などの特徴、性質をもっています。濃度が2％を超えるものは劇物に指定されています。

③　有機リン系殺虫剤のMPP（フェンチオン）は、弱いにんにく様の臭気、有機溶媒に可溶、水に不溶などの特徴、性質があります。濃度が2％を超えるものは劇物に指定されています。

④　PAP（フェントエート）は芳香性の刺激臭をもつ赤褐色の油状液体（工業製品）で、アルコール、エーテルに可溶、水に不溶です。濃度が3％を超えるものは劇物に指定されています。

7　　**解答**　①　カ　②　キ　③　ウ　④　イ　⑤　ア　⑥　エ　⑦　オ

③　空気中で分解され発生するリン化水素（ホスフィン）ガスは5〜10％硝酸銀溶液を吸着させたろ紙を黒変させます。

⑤　多量の酒石酸で白色結晶性のカリウム塩が沈殿します。

8　　**解答**　①　×　②　×　③　○　④　○　⑤　○　⑥　×

①　法令上、濃度による除外規定はありません。

②　無色の結晶で水に溶けやすい物質です。

⑥　毒物に指定されています。

毒物及び劇物の性質、貯蔵、識別、取扱方法、実地（特定品目）

1 　　**解答**　(1)　×　　(2)　×　　(3)　×　　(4)　○　　(5)　×

[解説]　６％以下を含むものは普通物となります。

2 　　**解答**　(1)　×　　(2)　×　　(3)　×　　(4)　○　　(5)　×

[解説]　(1)、(2)、(5)は10％以下のため、(3)は70％以下のため、それぞれ普通物となります。

3 　　**解答**　a　(2)　　b　(2)　　c　(2)

[解説]　硫酸の特徴、性質からa、b、cともに(2)が正解となります。

4 　　**解答**　a　(2)　　b　(1)　　c　(4)

[解説]　無色の液体、ベンゼン臭、麻酔性はトルエンの特徴的な性質となります。

5 　　**解答**　(1)　×　　(2)　○　　(3)　×　　(4)　×　　(5)　×

[解説]　白色の固体、潮解性、炭酸ソーダの皮層、赤色リトマス紙を青変というポイントから(2)を選びます。

6 　　**解答**　(1)　×　　(2)　○　　(3)　×　　(4)　×　　(5)　×

　b　化学式（示性式）は$CH_3COOC_2H_5$となります。

　d　容器を密閉して冷暗所に貯蔵します。

7 　　**解答**　(1)　×　　(2)　×　　(3)　×　　(4)　×　　(5)　○

[解説]　メチル基とエチル基がケトン基で結合している(5)が正解となります。

8 　　**解答**　(1)　×　　(2)　○　　(3)　×　　(4)　×　　(5)　×

[解説]　メチルエチルケトンは引火性物質です。

9 　　**解答**　(1)　×　　(2)　×　　(3)　×　　(4)　×　　(5)　○

[解説]　メチルエチルケトンは、無色の液体で、アセトン様の芳香があります。

10 　　**解答**　(1)　×　　(2)　○　　(3)　×　　(4)　×　　(5)　×

[解説]　廃棄方法は、ケイソウ土等に吸収させて開放型の焼却炉で焼却する方法がとられます。

11　解答　(1) ◯　　(2) ×　　(3) ×　　(4) ×　　(5) ×

〔解説〕 設問のａ、ｂ、ｃの記述は、いずれもメチルエチルケトンの暴露・接触時の措置に関する内容となっています。

12　解答　(1) ×　　(2) ×　　(3) ×　　(4) ◯　　(5) ×

ａ　分子量は大きい順に、過酸化水素、メタノール、塩化水素となります。

ｃ　引火性はありません。

ｄ　ヨウ化カリウムでんぷん紙を青変する場合は酸化剤として働いています。

ｅ　無色の揮発性液体です。

13　解答　(1) ◯　　(2) ×　　(3) ×　　(4) ×　　(5) ×

(2)　黄色の結晶となります。

(3)　アルコールにはあまり溶けないが、水には溶けます。

(4)　潮解性があります。

(5)　クロム酸塩類の廃棄方法は、一般に還元沈殿法が用いられます。

14　解答　(1) ×　　(2) ×　　(3) ×　　(4) ◯　　(5) ×

〔解説〕 ｃ　ホルマリンの蒸気を吸入した場合、粘膜への刺激作用があります。

15　解答　(1) ×　　(2) ◯　　(3) ×　　(4) ×　　(5) ×

〔解説〕 (1)～(5)のうち、クロロホルムの漏えい、飛散時の措置として最も適切な記述内容は(2)となります。

16　解答　(1) ×　　(2) ×　　(3) ◯　　(4) ×　　(5) ×

ｂ　酸化剤として働きます。

ｃ　苛性カリとも呼ばれます。

毒物劇物取扱者試験

（制限時間120分）

毒物及び劇物に関する法規
（一般・農業用品目・特定品目共通）

1 次の文章は、「毒物及び劇物取締法」の条文の一部である。（　　）の中に入る字句を下のア〜トから選びなさい。

(1) この法律で「毒物」とは、別表第一に掲げる物であって、医薬品及び（　①　）以外のものをいう。

(2) 毒物又は劇物の販売業の登録を受けた者でなければ、毒物又は劇物を販売し、（　②　）し、又は販売若しくは（　②　）の目的で貯蔵し、（　③　）し、若しくは陳列してはならない。

(3) 毒物又は劇物の（　④　）の登録を受けようとする者は、店舗ごとに、その店舗の所在地の都道府県知事または市区長に申請書を出さなければならない。

(4) 製造業又は輸入業の登録は、（　⑤　）年ごとに、販売業の登録は、（　⑥　）年ごとに、更新を受けなければ、その効力を失う。

(5) 特定毒物研究者の（　⑦　）を受けようとする者は、（　⑧　）に申請書を出さなければならない。

(6) 毒物劇物営業者及び特定毒物研究者は、毒物又は劇物が（　⑨　）にあい、又は紛失することを防ぐのに必要な措置を講じなければならない。

ア　三　　　イ　四　　　ウ　五　　　エ　六　　　オ　授与　　　カ　交付
キ　運搬　　　ク　都道府県知事　　　ケ　厚生労働大臣　　　コ　譲渡
サ　製造販売業　　　シ　盗難　　　ス　医薬品原料　　　セ　化学試薬
ソ　医薬部外品　　　タ　輸入　　　チ　登録　　　ツ　許可　　　テ　販売業
ト　製造業

2 次の物質のうち、興奮・幻覚又は麻酔の作用を有するものとして毒物及び劇物取締法施行令で定められているものには○印を、定められていないものには×印を選びなさい。

① ベンゼン ② クロロホルム ③ トルエン
④ エタノール ⑤ 亜塩素酸ナトリウム

3 次の記述のうち、毒物劇物営業者に届出義務のあるものには○印を、ないものには×印を選びなさい。

① 法人の代表者を変更したとき。

② 製造所、営業所又は店舗の名称を変更したとき。

③ 営業を廃止したとき。

④ 毒物又は劇物を貯蔵する設備の重要な部分を変更したとき。

⑤ 製造所、営業所又は店舗の営業日を変更したとき。

4 次の文章は、「毒物及び劇物取締法」の条文の一部である。（　）の中に入る字句を下のア～トから選びなさい。

(1) 毒物劇物営業者及び特定毒物研究者は、毒物又は（　①　）で定める劇物については、その容器として、（　②　）の容器として通常使用される物を使用してはならない。

(2) 毒物劇物営業者及び特定毒物研究者は、毒物又は劇物の容器及び被包に、「医薬用外」の文字及び毒物については（　③　）をもって「毒物」の文字、劇物については（　④　）をもって「劇物」の文字を表示しなければならない。

(3) （　⑤　）、特定毒物研究者又は特定毒物使用者でなければ、特定毒物を譲り渡し、又は譲り受けてはならない。

(4) 毒物劇物営業者又は（　⑥　）は、保健衛生上の危害を防止するため政令で特定毒物について品質、（　⑦　）又は表示の基準が定められたときは、当該特定毒物については、その基準に適合するものでなければ、これを特定毒物使用者に（　⑧　）してはならない。

(5) 都道府県知事は、保健衛生上必要があると認めるときは、毒物又は

劇物の販売業者又は特定毒物研究者から必要な報告を徴し、又は
（　⑨　）のうちからあらかじめ指定する者に、これらの者の店舗、
研究所その他業務上毒物若しくは劇物を取り扱う場所に立ち入り、帳
簿その他の物件を検査させ、関係者に質問させ、（　⑩　）のため必
要な最小限度の分量に限り、毒物、劇物、第十一条第二項に規定する
政令で定める物若しくはその疑いのある物を（　⑪　）させることが
できる。

ア　毒物劇物監視員　　イ　薬事監視員　　ウ　試験　　エ　調査
オ　毒物劇物製造業者　　カ　毒物劇物営業者　　キ　着色
ク　着香　　ケ　黒字に白色　　コ　赤地に白色　　サ　白地に赤色
シ　収去　　ス　採取　　セ　飲料用　　ソ　飲食物
タ　特定毒物使用者　　チ　特定毒物研究者　　ツ　譲り渡
テ　政令　　ト　厚生労働省令

5 次の各文章で、その内容が**毒物及び劇物取締法**において正しい
ものには○印を、間違っているものには×印を選びなさい。

① 農業用品目毒物劇物取扱者試験に合格した者は、特定品目販売業の店
舗において、毒物劇物取扱責任者となることはできない。

② 毒物劇物販売業者は、互いに隣接した2店舗で販売業を営むとき、そ
れぞれの店舗ごとに専任の毒物劇物取扱責任者を置かなければならな
い。

③ 毒物劇物営業者は、正当な理由があれば、毒物又は劇物を18歳未満の
者に交付することができる。

④ 毒物劇物営業者は、引火性、発火性又は爆発性のある劇物であって、
政令で定めるものを交付した場合、交付した劇物の名称、交付の年月
日、交付を受けた者の氏名及び住所を帳簿に記載しなければならない。

⑤ 業務上取扱者であるシアン化ナトリウムを使用する電気メッキ業者
が、毒物劇物取扱責任者を変更したときは都道府県知事または市区長に
その旨を届け出なければならない。

⑥ 特定毒物であるモノフルオール酢酸の塩類を含有する製剤は、かんき

つ類、りんご、なし、桃又はかきの害虫の防除以外の用途に使用しては
ならない。

⑦　毒物劇物営業者は、登録票を失ったときは、登録票の再交付を申請す
ることができる。

⑧　毒物劇物営業者は、1回につき200ミリグラム以下の劇物を販売し、
又は授与する場合はその劇物の性状及び取扱いに関する情報の提供を行
わなくてもよい。

⑨　毒物若しくは劇物又は法第十一条第二項に規定する政令で定める物
は、廃棄の方法について政令で定める技術上の基準に従わなければ、廃
棄してはならない。

⑩　毒物若しくは劇物の輸入業者又は特定毒物使用者でなければ、特定毒
物を輸入してはならない。

基礎化学
（一般・農業用品目・特定品目共通）

1 次の文章のうち正しいものはいくつあるか選びなさい。

A　水は純物質であり、混合物ではない。

B　水は酸素と水素の化合物である。

C　食塩はナトリウム、塩素という元素からなる。

D　食塩はナトリウムと塩素の混合物である。

(1)　なし　　(2)　1つ　　(3)　2つ　　(4)　3つ　　(5)　4つ

2 次の各問に答えなさい

①　ドライアイスを化学式で記せ。

②　大気中に最も多く含まれる気体の化学式を記せ。

3 次の記述のうち正しいものには○、間違っているものには×を選びなさい。

(1)　融解は液体が固体になる現象をいう。

(2)　凝縮とは気体が液体になる現象をいう。

(3)　昇華とは固体が液体を経ず直接気体になったり、気体が直接固体になる現象をいう。

(4)　蒸発と沸騰は同様の現象である。

(5)　水酸化ナトリウムは風解しやすい。

4 次の（　①　）～（　⑥　）に適する数値を入れなさい。必要であれば次の値を用いること。ただし、原子量H＝1.0、N＝14とする。

(1)　15％の硝酸カリウム水溶液200gをつくるには（　①　）gの硝酸カリウムを（　②　）gの水に溶かせばよい。この15％の硝酸カリウム水溶

溶液200gに5％の硝酸カリウム水溶液300gを混合すると（　③　）％の硝酸カリウム水溶液500gができる。

(2)　標準状態でアンモニア1.12ℓは（　④　）molであり、質量は（　⑤　）gである。このアンモニアと過不足なく中和するためには2.0mol/ℓの塩酸は（　⑥　）mℓ必要である。

5　次の化学反応式の（　）に入る化学式を書きなさい。

$CaCO_3$ ＋ 2HCl → $CaCl_2$ ＋ H_2O ＋（　①　）

$NaCl$ ＋ H_2O ＋ NH_3 ＋ CO_2 → $NaHCO_3$ ＋（　②　）

6　アンモニアは工業的に、鉄を触媒に用いて、窒素と水素を直接反応させて合成する。その反応式を次に示す。以下の各問いに答えなさい。ただし、原子量はH＝1.0とする。

N_2 ＋ 3H_2 → 2NH_3

①　このアンモニアの工業的合成方法を何法というか。

②　3ℓの窒素が完全に反応すると、同条件で何ℓのアンモニアが生じるか。

③　6molのアンモニアを合成するのに水素は何g必要か。

7　次の（　）に適する数値を入れなさい。

0.005mol/ℓの希硫酸のpHは（　）である。ただし、硫酸の電離度は1として答えよ。

8　次のうち酸化還元反応でないものはどれか。

ア　2H_2O_2 → 2H_2O ＋ O_2

イ　2Na ＋ 2H_2O → 2$NaOH$ ＋ H_2

ウ　$CaCO_3$ → CaO ＋ CO_2

エ　$2H_2 + O_2 \rightarrow 2H_2O$

オ　$Cu + 4HNO_3 \rightarrow Cu(NO_3)_2 + 2H_2O + 2NO_2$

9 次の各問いに答えなさい。

① ヨウ素の元素記号を記せ。

② Alの元素名を記せ。

10 次の各問について、最も適当なものをそれぞれア～オから１つ 選びなさい。

① 化学式の中に塩素を含まないもの

ア　クロロホルム　　イ　さらし粉　　ウ　アニリン

エ　塩化ナトリウム　　オ　塩酸

② 塩酸にも濃い水酸化ナトリウム水溶液にも水素を発生しながら溶ける もの

ア　金　　イ　銀　　ウ　亜鉛

エ　鉄　　オ　カルシウム

③ アルコールであるもの

ア　グリセリン　　イ　アセトン　　ウ　エチレン

エ　ジエチルエーテル　　オ　フェノール

④ 水溶液が有色のもの

ア　KNO_3　　イ　$CuCl_2$　　ウ　Na_2SO_4

エ　NH_4Cl　　オ　$NaCl$

⑤ ベーキングパウダーの主成分であるもの

ア　$NaCl$　　イ　H_2O_2　　ウ　$CaCO_3$

エ　$NaHCO_3$　　オ　Na_2SO_4

⑥ 脱酸素剤や使い捨てカイロに使われるもの

ア　白金　　イ　鉄　　ウ　銅

エ　ケイ素　　オ　アンモニア

⑦ 芳香族化合物であるもの

ア　酢酸エチル　　イ　プロパン　　ウ　メタノール

エ　アセチレン　　オ　ナフタレン

11 次の文中の（　①　）〜（　⑥　）にあてはまる語句を下のア〜シから選びなさい。

　エチレンを付加重合すると（　①　）ができる。これは、レジ袋などに用いられる高分子化合物である。

　エチレンに水を付加反応させると（　②　）が生じる。生じた物質を酸化すると、（　③　）を経て酢酸を生じる。酢酸分子中には（　④　）基があるので弱（　⑤　）性を示す。

　硫酸を触媒としてサリチル酸と無水酢酸を反応させると、解熱鎮痛作用のある（　⑥　）が生じる。

ア　酸　　イ　塩基　　ウ　エタノール　　エ　ポリエチレン

オ　エチレングリコール　　カ　ジエチルエーテル

キ　アセトアルデヒド　　ク　サリチル酸メチル

ケ　アセチルサリチル酸　　コ　アミノ　　サ　カルボキシル

シ　ヒドロキシル

毒物及び劇物の性質、貯蔵、識別、取扱方法、実地（一般）

1 次の薬物の貯蔵方法として、最も適当なものを選びなさい。

a　ナトリウム　　b　黄リン

(1)　腐食性が強いので、ゴム、鉛、ポリ塩化ビニルあるいはポリエチレンでライニングを施した容器を用いてたくわえる。

(2)　発火点が低く空気に触れると発火しやすいので、水中に沈めて瓶に入れ、砂を入れた缶中に固定して、冷暗所にたくわえる。

(3)　極めて引火しやすいので、安全のため、いったん開封したものは蒸留水を加えてたくわえることがある。

(4)　空気中で容易に酸化されるので、通常石油中にたくわえる。

(5)　酸類と反応して極めて有毒な気体を発生するので、酸類とは離し、空気の流通のよい乾燥した冷所に密封してたくわえる。

2 次の薬物の性状として、最も適当なものを選びなさい。

a　フェノール　　b　水酸化カリウム

(1)　無色の液体で、特有な臭気がある。空気に接すると刺激性白霧を発し、水を吸収する性質が強い。

(2)　常温では気体であるが、冷却圧縮すると容易に液化し、無色透明で揮発性の液体となる。

(3)　空気中に放置すると潮解し、二酸化炭素を吸収する。水溶液は強い塩基性を呈する。

(4)　無色又は白色の結晶で特有の臭いがある。空気中で容易に紅色に変化する。固体は吸湿して潮解する。

(5)　無色透明な油状の液体であるが、空気中で徐々に赤くなり最後は黒色不透明となる。水に少ししか溶けないが、希塩酸によく溶ける。

3 次の薬物の解毒剤について、正しいものの組み合わせを選びなさい。

	薬物	解毒剤
ア	ヒ素化合物	２－ピリジルアルドキシムメチオダイド(別名PAM)
イ	シュウ酸塩類	カルシウム剤
ウ	無機シアン化合物	チオ硫酸ナトリウム
エ	クロム酸塩類	アセトアミド

(1) （ア、イ） 　　(2) （ア、ウ） 　　(3) （イ、ウ）

(4) （イ、エ） 　　(5) （ウ、エ）

4 次の薬物の毒性として、最も適当なものを下から選びなさい。

a　エチルパラニトロフェニルチオノベンゼンホスホネイト（別名EPN）

b　トルエン

(1) 蒸気を吸入した場合、はじめ短時間の興奮期を経て、深い麻酔状態に陥ることがある。

(2) 濃厚な水溶液は腐食性が強く、皮膚に触れると激しくおかす。また、これを飲めば死に至る。

(3) このガスを大量に吸入すると、ほとんど電撃的に死を招き、２〜３回の呼吸とけいれんのもとに倒れる。

(4) この薬物を内服すると、胃腸が非常に痛み、吐いたり下痢したりした後、尿が極めて少なくなり、濁ってくる。

(5) この薬物が体内にはいると、コリンエステラーゼの働きが阻害されアセチルコリンが蓄積され、神経の正常な機能が妨げられる。

5 次の薬物と用途の組み合わせのうち、誤っているものを選びなさい。

	薬物	用途
(1)	スルホナール	殺鼠剤
(2)	ジメチル−2・2−ジクロルビニルホス フェイト（別名DDVP）	除草剤
(3)	クロルピクリン	土壌燻蒸剤
(4)	5−メチル−1・2・4−トリアゾロ［3・4−b］ ベンゾチアゾール（別名トリシクラゾール）	農業用殺菌剤
(5)	硫酸ニコチン	殺虫剤

6 次の薬物の用途として、最も適当なものを選びなさい。

a 過酸化水素水 b アクリルニトリル

(1) アニリンの原料 (2) 合成ゴムの原料 (3) ベークライトの原料
(4) 電気精錬の電解液 (5) 天然繊維の漂白剤

7 次の文章は、メタノールの性状について述べたものである。（ ）に入る語句の組み合わせとして正しいものを選びなさい。

メタノールは、常温常圧（20℃、1気圧）で液体であり、その色は（ ア ）である。また、その臭いは（ イ ）で、その蒸気の重さは空気に比較して（ ウ ）。

	ア	イ	ウ
(1)	無色透明	エチルアルコール臭	重い
(2)	白色	エチルアルコール臭	軽い
(3)	無色透明	ベンゼン臭	軽い
(4)	白色	ベンゼン臭	重い
(5)	白色	無臭	重い

8 次の薬物と性状の組み合わせのうち、誤っているものを選びなさい。

	薬物	性状
(1)	キシレン	液体
(2)	ケイフッ化水素酸	液体
(3)	トリクロル酢酸	固体
(4)	二硫化炭素	気体
(5)	ピクリン酸	固体

9 次の薬物のうち、潮解性のあるものの組み合わせとして適当なものを選びなさい。

ア 三塩化アンチモン　　　イ 亜硝酸ナトリウム
ウ 亜セレン酸バリウム　　エ 黄リン

(1) （ア、イ）　　(2) （ア、ウ）　　(3) （イ、ウ）
(4) （イ、エ）　　(5) （ウ、エ）

10 次の薬物の共通する性状として、適当なものを選びなさい。

a クロロホルムと硫酸　　b トルエンとメチルエチルケトン

(1) 無色の気体であり、水に溶けやすい。
(2) 無色の気体であり、刺激臭が強い。
(3) 無色の液体であり、水に比べて重い。
(4) 無色の液体で芳香臭があり、容易に引火する。
(5) 白色の固体であり、潮解性がある。

11 次の薬物の識別の方法として、適当なものを選びなさい。

a 硝酸銀　　b 四塩化炭素

(1) 水溶液に金属カルシウムを加え、これにベタナフチルアミン及び硫酸を加えると赤色の沈殿が生じる。

(2) 水に溶かして塩酸を加えると白色の沈殿を生じる。

(3) 水溶液にさらし粉を加えると紫色を呈する。

(4) 硫酸酸性水溶液にピクリン酸溶液を加えると黄色結晶が生成する。

(5) アルコール性の水酸化カリウムと銅粉とともに煮沸すると、黄赤色の沈殿を生じる。

12 次の薬物の廃棄方法として、最も適当なものを選びなさい。

　　a　ブロムメチル　　b　塩化第二水銀

(1) 燃焼法　　　　(2) 中和法　　(3) 還元焙焼法

(4) 酸化沈殿法　　(5) 活性汚泥法

13 次の薬物のうち、廃棄の方法として活性汚泥法が適用できるものの組み合わせとして適当なものを選びなさい。

　　ア　水素化アンチモン　　イ　ヒドラジン

　　ウ　フェノール　　　　　エ　ホルムアルデヒド

(1)（ア、イ）　　(2)（ア、ウ）　　(3)（イ、ウ）

(4)（イ、エ）　　(5)（ウ、エ）

毒物及び劇物の性質、貯蔵、識別、取扱方法、実地（農業用品目）

> **1** 次の薬物の性状として、最も適当なものを下から1つ選び、その番号を答えなさい。

a　塩化亜鉛

b　(RS)−α−シアノ−3−フエノキシベンジル＝N−(2−クロロ−α・α・α−トリフルオロ−パラトリル)−D−バリナート（別名フルバリネート）

c　ヘキサクロルヘキサヒドロメタノベンゾジオキサチエピンオキサイド（別名エンドスルファン、ベンゾエピン）

d　ジメチル−2・2−ジクロルビニルホスフェイト（別名DDVP、ジクロルボス）

(1)　白色の結晶。空気に触れると、水分を吸収して潮解する。

(2)　純品は白色の結晶で、水に不溶、有機溶媒に可溶。アルカリで分解する。

(3)　刺激性で、微臭のある比較的揮発性の無色油状の液体である。

(4)　淡黄色ないし黄褐色の粘稠性液体で、水に難溶。熱、酸性には安定であるが、太陽光、アルカリには不安定である。

> **2** 次の薬物の代表的な用途として、最も適当なものを下から1つ選び、その番号を答えなさい。

a　1・1'−イミノジ(オクタメチレン)ジグアニジン（別名イミノクタジン）

b　2−チオ−3・5−ジメチルテトラヒドロ−1・3・5−チアジアジン（別名ダゾメット）

c　モノフルオール酢酸ナトリウム

d　3−ジメチルジチオホスホリル−S−メチル−5−メトキシ−1・3・4−チアジアゾリン−2−オン（別名メチダチオン、DMTP）

(1)　除草剤　　(2)　殺虫剤　　(3)　殺鼠剤　　(4)　殺菌剤

3 次に示す薬物の貯蔵方法として、最も適当なものを下から1つ
選び、その番号を答えなさい。

a シアン化水素

b ロテノン

c ブロムメチル（別名臭化メチル、ブロムメタン）

d アンモニア水

(1) 揮発しやすいので、よく密栓してたくわえる。

(2) 常温では気体なので、圧縮冷却して液化し、圧縮容器に入れ、直射日
光その他、温度上昇の原因を避けて、冷暗所に貯蔵する。

(3) 少量ならば褐色ガラス瓶を用い、多量ならば銅製シリンダーを用い
る。日光及び加熱をさけ、通気性のよい冷所におく。

(4) 酸素によって分解し、殺虫効力を失うから、空気と光線を遮断して貯
蔵する必要がある。

4 次に示す薬物の廃棄方法として、最も適当なものを下から1つ
選び、その番号を答えなさい。

a 硫酸

b シアン化カリウム

c 2−イソプロピル−4−メチルピリミジル−6−ジエチルチオホスフ
ェイト（別名ダイアジノン）

d クロルピクリン

(1) 燃焼法……木粉（おがくず）等に吸収させてアフターバーナー及びス
クラバーを具備した焼却炉で焼却する。

(2) 中和法……徐々に石灰乳などの撹拌溶液に加え中和させた後、多量の
水で希釈して処理する。

(3) アルカリ法……水酸化ナトリウム水溶液等でアルカリ性とし、高温加
圧下で加水分解する。

(4) 分解法……少量の界面活性剤を加えた亜硫酸ナトリウムと炭酸ナトリ
ウムの混合溶液中で撹拌し、分解させた後、多量の水で希釈して処理す
る。

5 次の薬物の毒性として、最も適当なものを下から1つ選び、その番号を答えなさい。

a　ブラストサイジンSベンジルアミノベンゼンスルホン酸塩

b　ニコチン

c　エチルパラニトロフェニルチオノベンゼンホスホネイト（別名 EPN）

d　塩素酸塩類

(1)　恒温動物に対する毒性はかなり強いので、皮膚につけたり口から吸うことはきわめて危険である。解毒剤としてPAMおよびアトロピンが有効である。

(2)　猛烈な神経毒である。脈拍異常となり、発汗、瞳孔縮小、呼吸困難などをきたす。

(3)　おもな中毒症状は震せん、呼吸困難であり、また散布に際して、眼に対する刺激がとくに強いので注意が必要である。

(4)　血液にはたらいて毒作用をする。腎臓をおかされるため尿に血がまじり、尿の量が少なくなる。

6 次の薬物について、原体の色として最も適当なものを下から1つ選び、その番号を答えなさい。

a　2・3－ジヒドロ－2・2－ジメチル－7－ベンゾ〔b〕フラニル－N－ジブチルアミノチオ－N－メチルカルバマート（別名カルボスルファン）

b　2・2－ジメチル－2・3－ジヒドロ－1－ベンゾフラン－7－イル＝N－〔N－（2－エトキシカルボニルエチル）－N－イソプロピルスルフェナモイル〕－N－メチルカルバマート（別名ベンフラカルブ）

c　トリクロルヒドロキシエチルジメチルホスホネイト（別名トリクロルホン、DEP、ディプテレックス）

d　硫酸第二銅（$CuSO_4 \cdot 5H_2O$）

(1)　白色　　(2)　褐色　　(3)　藍色　　(4)　淡黄色

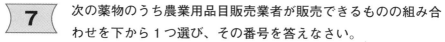

7 次の薬物のうち農業用品目販売業者が販売できるものの組み合わせを下から１つ選び、その番号を答えなさい。

A　水酸化ナトリウム

B　ジメチル－(N－メチルカルバミルメチル)－ジチオホスフェイト（別名ジメトエート）

C　硫酸タリウム

D　硝酸

(1)　(A、B)　　　(2)　(A、D)　　　(3)　(B、C)　　　(4)　(C、D)

8 次の薬物について、該当する性状をAから、用途をBから、それぞれ最も適当なものを１つ選び、その番号を答えなさい。

a　S－メチル－N－〔(メチルカルバモイル)－オキシ〕－チオアセトイミデート（別名メトミル）

b　エチルジフェニルジチオホスフェイト（別名エジフェンホス、EDDP）

【A】（性状）

(1)　白色の固体で、融点は51 ～ 52℃である。キシレン、ベンゼン、メタノール、アセトン、エーテル、クロロホルムに可溶。水溶液は室温で徐々に加水分解し、アルカリ溶液中ではすみやかに加水分解する。太陽光線には安定で熱に対する安定性は低い。

(2)　淡黄色結晶で水に溶ける。中性または酸性で安定、アルカリ溶液でうすめる場合には、２～３時間以上貯蔵できない。腐食性。

(3)　濃い藍色の結晶で、風解性がある。150℃で結晶水を失って、白色の粉末となる。水溶液は青いリトマス試験紙を赤くする。

(4)　白色結晶で、水、メタノール、アセトンに溶ける。

【B】（用途）

(1)　除草剤　　　(2)　殺菌剤　　　(3)　ねずみ駆除剤　　　(4)　害虫駆除剤

毒物及び劇物の性質、貯蔵、識別、取扱方法、実地 （特定品目）

1 次の（A）、（B）および（C）にあてはまる語句の組み合わせで正しいものはどれか。

四塩化炭素は、（A）、麻酔性の芳香を有する（B）である。水には（C）。

	A	B	C
(1)	揮発性	無色の液体	溶けにくい
(2)	揮発性	赤褐色の気体	よく溶ける
(3)	燃焼性	無色の液体	よく溶ける
(4)	燃焼性	赤褐色の気体	溶けにくい

2 次の物質を含有する製剤のうち、10％製剤が劇物に該当するものはどれか。

(1) アンモニア　　(2) 塩化水素　　(3) 水酸化ナトリウム　　(4) 硫酸

3 漏えいした場合、次の処置を行うことが最も適切な物質はどれか。

飛散したものは空容器にできるだけ回収し、そのあとを還元剤（硫酸第一鉄等）の水溶液を散布し、消石灰、ソーダ灰等の水溶液で処理したのち、多量の水を用いて洗い流す。

(1) 重クロム酸カリウム　(2) 水酸化カリウム　(3) 塩酸　(4) キシレン

4 次のうち、メタノールに関する記述として正しいものはどれか。

(1) 常温では気体であるが、冷却圧縮すると液化しやすい。

(2) 水には溶けるが、エーテルには溶けない。

(3) 腐食性が強く、強アルカリ性である。

(4) 揮発性の液体である。

5 次のうち、クロロホルムに関する記述として正しいものはどれか。

(1) 赤褐色の液体である。 (2) 無臭である。

(3) エーテルと混和する。 (4) 潮解性がある。

6 次のうち、ホルマリンに関する正しい記述の組み合わせはどれか。

ア 赤色の液体である。

イ アルコールによく混和する。

ウ アルカリ性の反応を呈する。

エ 刺激性の臭気がある。

(1) （ア、イ） (2) （ア、ウ） (3) （イ、エ） (4) （ウ、エ）

7 次のうち、硝酸に関する正しい記述の組み合わせはどれか。

ア 白色の油様の液体である。

イ 腐食性がある。

ウ ピクリン酸、ニトログリセリンなどの製造に用いられる。

エ 銅を溶解しない。

(1) （ア、イ） (2) （ア、エ） (3) （イ、ウ） (4) （ウ、エ）

8 次のうち、キシレンに関する正しい記述の組み合わせはどれか。

ア 黄色の気体である。 イ 芳香族炭化水素である。

ウ 吸入すると、鼻、のどを刺激する。 エ 風解性がある。

(1) （ア、イ） (2) （ア、エ） (3) （イ、ウ） (4) （ウ、エ）

9 次の廃棄方法のうち、ケイフッ化ナトリウムの廃棄方法として最も適切なものはどれか。

(1) 分解沈殿法 (2) 中和法 (3) 活性汚泥法 (4) 酸化法

10 次のうち、**毒物劇物特定品目販売業者が販売できるもの**はどれか。

(1) エチレンオキシド　　(2) メチルエチルケトン

(3) ヒドロキシルアミン　　(4) シクロヘキシルアミン

11 アンモニア水の常温常圧下での性状として正しいものはどれか。

(1) 揮発性の液体で、鼻をさすような臭気があり、アルカリ性を呈する。

(2) 揮発性の液体で、無臭であり、酸性を呈する。

(3) 不揮発性の液体で、鼻をさすような臭気があり、アルカリ性を呈する。

(4) 不揮発性の液体で、無臭であり、酸性を呈する。

12 アンモニア水の用途として最も適するものはどれか。

(1) 酸化剤　　(2) 錆止め塗料　　(3) 界面活性剤　　(4) 試薬

13 シュウ酸の常温常圧下での性状として正しいものはどれか。

(1) 無色の結晶で、水に溶ける。　　(2) 無色の結晶で、水に溶けない。

(3) 黄色の液体で、水に溶ける。　　(4) 黄色の液体で、水に溶けない。

14 シュウ酸の用途として最も適するものはどれか。

(1) 消火剤　　(2) 消毒剤　　(3) 漂白剤　　(4) 除草剤

15 トルエンの常温常圧下での性状として正しいものはどれか。

(1) 可燃性の液体で、エタノールに溶ける。

(2) 可燃性の液体で、エタノールに溶けない。

(3) 不燃性の液体で、エタノールに溶ける。

(4) 不燃性の液体で、エタノールに溶けない。

16 トルエンの用途として最も適するものはどれか。

(1) 酸化剤　　(2) 消火剤　　(3) 漂白剤　　(4) 溶剤

17 塩素の常温常圧下での性状として正しいものはどれか。

(1) 無臭の黄緑色気体である。

(2) 無臭の赤紫色固体である。

(3) 窒息性臭気をもつ黄緑色気体である。

(4) 窒息性臭気をもつ赤紫色固体である。

18 塩素の用途として最も適するものはどれか。

(1) 消毒剤　　(2) 乾燥剤　　(3) 還元剤　　(4) 界面活性剤

19 過酸化水素水の常温常圧下での性状として正しいものはどれか。

(1) 青色の液体で、酸化力と還元力を有する。

(2) 青色の液体で、アルカリ存在下で極めて安定である。

(3) 無色透明の液体で、酸化力と還元力を有する。

(4) 無色透明の液体で、アルカリ存在下で極めて安定である。

20 過酸化水素水の用途として最も適するものはどれか。

(1) 香料　　(2) 洗浄剤　　(3) 防虫剤　　(4) 顔料

毒物劇物取扱者試験

解答・解説

毒物及び劇物に関する法規
（一般・農業用品目・特定品目共通）

1 **解答** ① ソ ② オ ③ キ ④ テ ⑤ ウ
⑥ エ ⑦ ツ ⑧ ク ⑨ シ

解説 毒物の定義、禁止規定、登録などの事項に関して、毒劇法の記載事項にもとづき、適した語句を選びます。

2 **解答** ① × ② × ③ ○ ④ × ⑤ ×

解説 興奮・幻覚または麻酔の作用を有するものとして法令で定められているのは、トルエンと、トルエン、酢酸エチルもしくはメタノールを含有するシンナー、接着剤、塗料、閉そく用またはシーリング用の充てん料となっています。

3 **解答** ① × ② ○ ③ ○ ④ ○ ⑤ ×

解説 ①、⑤は届出義務の事項として毒劇法で定められたものではありません。

4 **解答** ① ト ② ソ ③ コ ④ サ ⑤ カ
⑥ チ ⑦ キ ⑧ ツ ⑨ イ ⑩ ウ
⑪ シ

解説 毒物・劇物の取扱や表示、立ち入り検査などの事項に関して、毒劇法の記載事項にもとづき、適した語句を選びます。

5 **解答** ① ○ ② × ③ × ④ ○ ⑤ ○
⑥ × ⑦ ○ ⑧ ○ ⑨ ○ ⑩ ×

② 互いに隣接した2店舗であれば1人の毒物劇物取扱責任者が兼務す

ることができます。

③　いかなる理由があっても、毒物または劇物を18歳未満の者に交付す
　ることはできません。

⑥　特定毒物であるモノフルオール酢酸の塩類を含有する製剤は、野ね
　ずみの駆除以外の用途に使用してはなりません。

⑩　毒物若しくは劇物の輸入業者または特定毒物研究者でなければ、特
　定毒物を輸入することはできません。

基礎化学
（一般・農業用品目・特定品目共通）

1 解答 (1) ×　(2) ×　(3) ×　(4) ○　(5) ×

解説 正しい文章はA、B、Cの3つとなります。Dは、食塩が純物質であって混合物ではないことから、誤りとなります。

2 解答 ① CO_2　② N_2

① ドライアイスは炭酸ガス（二酸化炭素）が固体になったものです。

② 大気中に最も多く含まれる気体は窒素になります。

3 解答 (1) ×　(2) ○　(3) ○　(4) ×　(5) ×

(1) 融解は固体が液体になる現象をいいます。

(4) 蒸発は液体の表面から液体が気化する現象をいい、沸騰は液体の内部からも激しく気化が起こる現象をいいます。

(5) 水酸化ナトリウムは潮解性の物質であって、風解はしません。

4 解答 ① 30　② 170　③ 9　④ 0.05　⑤ 0.85　⑥ 25

解説 (1) 200gの溶液中、15％が硝酸カリウムとなることから、硝酸カリウムの量は$200 \times 0.15 = 30$gとなり、水の量は$200 - 30 = 170$gとなります。また、5％の硝酸カリウム溶液300gに含まれる硝酸カリウムの量は$300（g）\times 0.05 = 15（g）$なので、両者を混合した水溶液の濃度は、

$$\frac{30 + 15}{500} \times 100 = 9（\%）$$ となります。

(2) 標準状態のアンモニアは気体なので、アボガドロの法則から1molのアンモニアの体積は22.4ℓ、そこで1.12ℓのアンモニアは、$1.12 / 22.4 = 0.05$molとなります。

質量は、提示された原子量から、アンモニア（NH_3）1molが17gなので、$0.05 \times 17 = 0.85$gとなります。

アンモニアと過不足なく中和するためには塩酸も同じく0.05mol必要になることから、塩酸の体積をVとすると、$2.0（mol/ℓ）\times V（ℓ）= 0.05（mol）$　つまり$V = 0.025（ℓ）$で、塩酸は25mℓ必要となります。

5 解答 ① CO_2 ② NH_4Cl

解説 左右の原子の数が等しくなるように物質を決定します。

6 解答 ① ハーバー法もしくはハーバー・ボッシュ法
② 6ℓ ③ 18g

解説 ① 鉄触媒を主体として、水素と窒素を高温・高圧下で直接反応させて、アンモニアを生産する方法です。

② 反応式より、1molの窒素から2molのアンモニアが生成していることから、窒素の倍量のアンモニアが生成します。

③ 反応式の両辺を3倍にすると、アンモニア6molを合成するのに必要な水素は9mol（9H_2）となり、Hの原子量が1.0なので、必要な水素は18gとなります。

7 解答 2

解説 硫酸は2価の酸で、電離度が1と完全に電離している状態ですから、0.005mol/ℓの希硫酸の水素イオン濃度は $[H^+] = 0.005 \times 2 = 0.01 = 10^{-2}$ つまり、pH＝2となります。

8 解答 ア ○ イ ○ ウ × エ ○ オ ○

解説 ウ この反応は炭酸カルシウムの熱分解反応で、どの原子についても酸化数の増減がなく、電子の授受が行われていないため、酸化還元反応ではありません。

9 解答 ① I ② アルミニウム

① ヨウ素は周期表の17族の元素で、この族に属している元素はハロゲン元素とも呼ばれ、共通した性質をもっています。

② Alは周期表の13族にある原子番号13の元素です。

10 解答 ① ウ ② ウ ③ ア ④ イ ⑤ エ ⑥ イ ⑦ オ

① さらし粉の成分は次亜塩素酸カルシウムで、化学式は$Ca(ClO)_2$、また、アニリンの化学式はC_6H_7Nとなります。

② ア～オの中で両者と反応するのは亜鉛だけです。

③ アのグリセリンはアルコール性水酸基（－OH）を有する物質です。

④ イの塩化第二銅は緑色の結晶で、その水溶液も薄い緑色となります。

⑤　ベーキングパウダーは膨らし粉とも呼ばれ、主成分は炭酸ガスを発生する重曹（炭酸水素ナトリウムNaHCO₃）です。

⑥　脱酸素剤も使い捨てカイロも鉄が酸素と結びつく性質を利用したものとなります。鉄が酸素と結びつく反応は発熱反応です。

⑦　芳香族化合物とは、ベンゼン環を持った環状の不飽和有機化合物の一群をいいます。

11　**解答**　①　エ　②　ウ　③　キ　④　サ　⑤　ア　⑥　ケ

①　エチレンの付加重合体はポリエチレンです。

④⑤　カルボキシル基は極性をもつため、弱酸性を呈します。

⑥　アセチルサリチル酸が生成する反応式は以下のとおりです。

毒物及び劇物の性質、貯蔵、識別、取扱方法、実地（一般）

1 解答　a (4)　　b (2)

a　潮解性のあるナトリウムは石油中に貯蔵します。

b　空気に触れると発火、水にはほとんど不溶などの黄リンの性質から(2)の貯蔵条件を選びます。

2 解答　a (4)　　b (3)

[解説] それぞれの物質の特徴・性質からaは(4)、bは(3)が正しい説明となります。

3 解答　(1) ×　(2) ×　(3) ○　(4) ×　(5) ×

ア　ヒ素化合物の解毒には、BAL（ジメルカプロール）、水酸化マグネシウム、亜ヒ酸解毒剤などが用いられます。

エ　クロム酸塩類の解毒には、次亜塩素酸ソーダによる胃洗浄、マグネシア溶液、牛乳、石灰の投与などが行われます。

4 解答　a (5)　　b (1)

a　神経伝達機能に関わる酵素の活性阻害による神経機能異常が顕著な毒性となります。

b　蒸気の吸引により、興奮状態を経て、深い麻酔状態に陥る毒性があります。

5 解答　(1) ○　(2) ×　(3) ○　(4) ○　(5) ○

[解説] (2)　DDVPは殺虫剤として用いられます。

6 解答　a (5)　　b (2)

[解説] 過酸化水素水は漂白作用をもちます。また、アクリルニトリルは合成ゴムほか化学合成原料に用いられます。

7 解答　(1) ○　(2) ×　(3) ×　(4) ×　(5) ×

[解説] メタノールの性状から正しい語句を選びます。

8 解答　(1) ○　(2) ○　(3) ○　(4) ×　(5) ○

[解説] (4)　常温常圧下での二硫化炭素は、無色または淡黄色の特異臭のある液体となります。

9 **解答** (1) ○　　(2) ×　　(3) ×　　(4) ×　　(5) ×

解説 三塩化アンチモン、亜硝酸ナトリウムは、それぞれ潮解性をもちます。

10 **解答** a (3)　　b (4)

解説 両物質の性状から共通性を考えて、aは(3)を、bは(4)を選びます。

11 **解答** a (2)　　b (5)

解説 b　四塩化炭素は特有の臭気をもつ無色の液体で、蒸気は空気より重く、不燃性の劇物です。(5)の性質のほか、空気や湿気などで常温でも徐々に分解し、塩化水素、ホスゲンなどを生じます。

12 **解答** a (1)　　b (3)

解説 (1)〜(5)の中で適する廃棄法としては、aは(1)、bは(3)を選びます。

13 **解答** (1) ×　　(2) ×　　(3) ×　　(4) ×　　(5) ○

　ア　一般に、水素化アンチモンの廃棄方法には燃焼沈殿法や酸化沈殿法
　　が用いられます。

　イ　一般に、ヒドラジンの廃棄には燃焼法や酸化法が用いられます。

毒物及び劇物の性質、貯蔵、識別、取扱方法、実地（農業用品目）

1 解答 a (1) b (4) c (2) d (3)

〔解説〕 b～dは主な用途として、農薬で殺虫剤として用いられます。

2 解答 a (4) b (1) c (3) d (2)

〔解説〕 農薬に用いられる各物質の主な用途は解答のとおりとなります。

3 解答 a (3) b (4) c (2) d (1)

　a　シアン化水素は遮光性のある容器に保存します。

　b　ロテノンは酸化されやすい物質なので空気ほか酸化剤を遮断して貯蔵します。

　c　ブロムメチルは圧縮冷却して貯蔵します。

4 解答 a (2) b (3) c (1) d (4)

〔解説〕 各物質の性質を考慮し、適切な廃棄法を選びます。

5 解答 a (3) b (2) c (1) d (4)

　a　震せん、呼吸困難のほか、摂取・吸入により粘膜への刺激性が強く、眼に対する刺激は特に強いものとなります。

　b　(2)の症状のほか、嘔吐、めまい、頭痛、動悸、唾液分泌過多などの症状もみられます。治療にはバルビタール剤の投与や、硫酸アトロピンの注射などがあります。

　c　EPNを含む有機リン製剤の毒性の特徴として、酵素（アセチルコリンエステラーゼ）の活性阻害により、神経伝達機能への障害をひき起こします。

6 解答 a (2) b (4) c (1) d (3)

〔解説〕 硫酸第二銅が藍色の結晶であるほか、各物質の色は解答のとおりです。

7 解答 (1) × (2) × (3) ○ (4) ×

〔解説〕 水酸化ナトリウム、硝酸は法令で定められた農業用品目販売業者が販売できる品目に含まれていません。

a　白色の結晶もしくは粉末で、水、アルコール、アセトンに溶ける劇物です。

b　劇物で、結晶は吸湿性をもち、水溶液中でも紫外線で分解します。工業品は暗褐色の水溶液となります。

毒物及び劇物の性質、貯蔵、識別、取扱方法、実地（特定品目）

1 解答 (1) ○ (2) × (3) × (4) ×

[解説] 四塩化炭素の特徴、性質には、無色の液体、揮発性、麻酔性、水に不溶といったものがあります。

2 解答 (1) × (2) × (3) ○ (4) ×

[解説] 水酸化ナトリウムは５％以下を、それ以外の３つでは10％以下を含有する製剤は普通物となります。

3 解答 (1) ○ (2) × (3) × (4) ×

[解説] (2)の水酸化カリウム、(3)の塩酸については、それぞれ中和した後、大量の水で希釈、(4)のキシレンについては乾燥砂、土など不燃性のものに吸着させて回収するなどの方法がとられます。

4 解答 (1) × (2) × (3) × (4) ○

(1) 常温では液体となります。

(2) 水にもエーテルにも任意の割合で溶けます。

(3) 常温では鉛、亜鉛など一部の金属を除いて腐食性はほとんどありません。また、アルコール性水酸基をもつことから弱酸性を呈します。

5 解答 (1) × (2) × (3) ○ (4) ×

[解説] 液体の色は無色で、特異臭があります。潮解性はありません。

6 解答 (1) × (2) × (3) ○ (4) ×

ア 無色透明の液体です。

ウ 溶液は酸性を呈します。

7 解答 (1) × (2) × (3) ○ (4) ×

ア 粘性の高くない無色の液体となります。

エ 銅と反応（溶解）して一酸化窒素を生成します。

8 解答 (1) × (2) × (3) ○ (4) ×

ア 芳香のある無色透明の液体です。

エ 風解性はありません。

159

▶ **9** 解答 (1) ○ (2) × (3) × (4) ×

解説 厚生労働省の廃棄の方法に関する基準の中で、ケイフッ化ナトリウムの廃棄方法は分解沈殿法が定められています。

▶ **10** 解答 (1) × (2) ○ (3) × (4) ×

解説 (2) メチルエチルケトンは毒物劇物特定品目販売業者が販売できる特定品目の中に含まれています。

▶ **11** 解答 (1) ○ (2) × (3) × (4) ×

解説 常温常圧下でのアンモニア水は、鼻をさすような臭気（アンモニア臭）をもつ揮発性の液体で、アルカリ性を示します。

▶ **12** 解答 (1) × (2) × (3) × (4) ○

解説 アンモニアは工業用、医薬用に幅広く用いられ、設問の中では(4)の試薬が最も適する解となります。

▶ **13** 解答 (1) ○ (2) × (3) × (4) ×

解説 シュウ酸は常温常圧下では二水和の無色透明の結晶で、水に溶けやすい性質を持ちます。

▶ **14** 解答 (1) × (2) × (3) ○ (4) ×

解説 還元性を有することから主に漂白剤に、また染料などにも用いられます。

▶ **15** 解答 (1) ○ (2) × (3) × (4) ×

解説 常温常圧下でのトルエンは無色でベンゼン臭がある可燃性の液体で、水には不溶ですが、エタノール、エーテル、ベンゼンなどには溶けます。

▶ **16** 解答 (1) × (2) × (3) × (4) ○

解説 溶剤のほか香料などの合成原料にも用いられます。

▶ **17** 解答 (1) × (2) × (3) ○ (4) ×

解説 塩素の常温常圧下での性状は特有の窒息性臭気をもつ黄緑色気体です。

▶ **18** 解答 (1) ○ (2) × (3) × (4) ×

解説 塩素は殺菌消毒、漂白などの用途に用いられます。

19 　解答　(1)　✕　　(2)　✕　　(3)　◯　　(4)　✕

[解説]　過酸化水素水は常温常圧下では無色透明の濃厚液体で、酸化力と還元力の両方を有します。

20 　解答　(1)　✕　　(2)　◯　　(3)　✕　　(4)　✕

[解説]　洗浄剤のほか漂白剤や消毒剤としても用いられます。

毒物劇物取扱者試験

（制限時間120分）

毒物及び劇物に関する法規
（一般・農業用品目・特定品目共通）

1 次のうち、毒物及び劇物取締法第3条の4で規定されている引火性、発火性または爆発性のある劇物の組み合わせで正しいものはどれか。

ア　過酸化水素35％を含有する製剤

イ　亜塩素酸ナトリウム35％を含有する製剤

ウ　塩素酸カリウム30％を含有する製剤

エ　ナトリウム

(1)　（ア、イ）　　(2)　（ア、ウ）　　(3)　（イ、エ）　　(4)　（ウ、エ）

2 次の記述のうち、法令上、正しいものはどれか。

(1)　特定品目毒物劇物取扱者試験に合格した者は、毒物劇物一般販売業の店舗の毒物劇物取扱責任者となることができる。

(2)　農業用品目毒物劇物取扱者試験に合格した者は、毒物劇物特定品目販売業の店舗の毒物劇物取扱責任者となることができる。

(3)　一般毒物劇物取扱者試験に合格した者は、農業用品目のみを取り扱う毒物または劇物の輸入業の営業所の毒物劇物取扱責任者となることができる。

(4)　特定品目毒物劇物取扱者試験に合格した者は、特定品目のみを製造する毒物または劇物の製造業の製造所の毒物劇物取扱責任者となることができる。

3 次の記述のうち、法令上、正しいものはどれか。

(1) 毒物または劇物の製造業の登録の更新の申請は、登録の日から起算して6年を経過した日の1月前までに行う。

(2) 毒物または劇物の輸入業の登録の更新の申請は、登録の日から起算して5年を経過した日の10日前までに行う。

(3) 毒物または劇物の販売業の登録の更新の申請は、登録の日から起算して6年を経過した日の1月前までに行う。

(4) 特定毒物研究者の許可は、1年ごとに更新を受けなければ、その効力を失う。

4 次の記述は、毒物及び劇物取締法第8条第2項の条文である。(A)および(B)にあてはまる語句の組み合わせで正しいものはどれか。

第八条

2 次に揚げる者は、前条の毒物劇物取扱責任者となることができない。

一 (A)歳未満の者

二 心身の障害により毒物劇物取扱責任者の業務を適正に行うことができない者として厚生労働省令で定めるもの

三 麻薬、大麻、あへん又は覚せい剤の中毒者

四 毒物若しくは劇物又は薬事に関する罪を犯し、罰金以上の刑に処せられ、その執行を終り、又は執行を受けることがなくなつた日から起算して(B)年を経過していない者

	A	B
(1)	十八	二
(2)	十八	三
(3)	二十	二
(4)	二十	三

5 次のうち、毒物または劇物を業務上取り扱う者として、毒物及び劇物取締法第22条第1項の規定により都道府県知事に届け出なければならない者はどれか。

(1) 電気めっきを行う事業者であって、その業務上無水クロム酸を取り扱う者

(2) しろあり防除を行う事業者であって、その業務上亜ヒ酸を取り扱う者

(3) ねずみの防除を行う事業者であって、その業務上モノフルオール酢酸を取り扱う者

(4) 金属熱処理を行う事業者であって、その業務上フッ化水素酸を取り扱う者

6 次の記述のうち、法令上、正しいものはどれか。

(1) 毒物または劇物の製造業者は、毒物または劇物を貯蔵する場所が、性質上かぎをかけることができないものであるときは、その周囲に堅固な柵を設けなければならない。

(2) 毒物劇物営業者は、毒物の容器として、飲食物の容器として通常使用される物を使用してもよい。

(3) 毒物劇物営業者が、毒物または劇物を他の毒物劇物営業者に販売し、または授与したときに、その都度、書面に記載しておかなければならない事項には、毒物または劇物の含量が含まれる。

(4) 毒物または劇物の販売業者は、毒物または劇物を貯蔵する設備の重要な部分を変更したときには、厚生労働大臣に、その旨を届け出なければならない。

7 次の記述のうち、法令上、正しいものはどれか。

(1) 毒物劇物営業者は、毒物の容器及び被包に「医薬用外」の文字及び黒地に白色をもって「毒物」の文字を表示しなければならない。

(2) 毒物劇物営業者は、毒物の容器及び被包に「医薬用外」の文字及び白

地に赤色をもって「毒物」の文字を表示しなければならない。

⑶　毒物劇物営業者は、劇物の容器及び被包に「医薬用外」の文字及び白地に黒色をもって「劇物」の文字を表示しなければならない。

⑷　毒物劇物営業者は、劇物の容器及び被包に「医薬用外」の文字及び白地に赤色をもって「劇物」の文字を表示しなければならない。

8　次の記述は、毒物及び劇物取締法第12条第2項の条文である。（　Ａ　）、（　Ｂ　）および（　Ｃ　）にあてはまる語句の組み合わせで正しいものはどれか。

第十二条

2　毒物劇物営業者は、その容器及び被包に、左に掲げる事項を表示しなければ、毒物又は劇物を販売し、又は授与してはならない。

一　毒物又は劇物の名称

二　毒物又は劇物の（　Ａ　）及びその（　Ｂ　）

三　厚生労働省令で定める毒物又は劇物については、それぞれ厚生労働省令で定めるその（　Ｃ　）の名称

四　毒物又は劇物の取扱及び使用上特に必要と認めて、厚生労働省令で定める事項

	Ａ	Ｂ	Ｃ
⑴	成分	含量	解毒剤
⑵	成分	容量	中和剤
⑶	組成	容量	解毒剤
⑷	組成	含量	中和剤

9　次の記述は、毒物及び劇物取締法第15条第2項の条文である。（　Ａ　）および（　Ｂ　）にあてはまる語句の組み合わせで正しいものはどれか。

第十五条

2　毒物劇物営業者は、厚生労働省令の定めるところにより、その（　Ａ　）を受ける者の氏名及び（　Ｂ　）を確認した後でなければ、

第三条の四に規定する政令で定める物を（　Ａ　）してはならない。

	Ａ	Ｂ
(1)	交付	住所
(2)	販売又は授与	住所
(3)	販売又は授与	職業
(4)	交付	職業

10 ニトロベンゼンを車両を使用して、１回につき5,000キログラム以上運搬する場合、車両に備えなければならない保護具として毒物及び劇物取締法施行規則で定めるものはどれか。

(1) 保護手袋、保護長ぐつ、保護衣、普通ガス用防毒マスク
(2) 保護手袋、保護長ぐつ、保護衣、酸性ガス用防毒マスク
(3) 保護手袋、保護長ぐつ、保護衣、有機ガス用防毒マスク
(4) 保護手袋、保護長ぐつ、保護衣、アンモニア用防毒マスク

基礎化学
（一般・農業用品目・特定品目共通）

1 次の記述のうち、正しいものはどれか。

(1) ナトリウムのナトリウム原子間の結合は、金属結合である。
(2) アンモニアの水素原子と窒素原子の間の結合は、イオン結合である。
(3) ダイヤモンドの炭素原子間の結合は、配位結合である。
(4) 塩化ナトリウムのナトリウム原子と塩素原子の間の結合は、共有結合である。

2 2 molの二酸化炭素中の、酸素原子の物質量（mol）を選びなさい。

(1) 0.5mol　　(2) 1 mol　　(3) 2 mol　　(4) 3 mol　　(5) 4 mol

3 次の記述のうち、正しいものはどれか。

(1) 液体が気体になる変化を融解という。
(2) 気体が液体になる変化を凝固という。
(3) 固体が気体になる変化を昇華という。
(4) 液体が固体になる変化を凝縮という。

4 次のうち、pH10で赤色を呈するものはどれか。

(1) メチルオレンジ　　(2) リトマス試験紙
(3) ブロモチモールブルー（BTB）　　(4) フェノールフタレイン

5 次の（　A　）および（　B　）にあてはまる語句の組み合わせで、正しいものはどれか。

物質が（　A　）と化合したり、（　B　）を受け取ったとき、その物

167

質は還元されたという。

    A   B
(1) 酸素   電子
(2) 酸素   陽子
(3) 水素   電子
(4) 水素   陽子

6 次の下線をつけた原子の酸化数について、正しいものの組み合わせはどれか。

  a $H_2\underline{S}O_4$ b $NH_4\underline{Cl}$ c $\underline{Mn}O_2$ d $H_2\underline{O}_2$ e $Ca\underline{C}O_3$

      a   b   c   d   e
(1)   +4   -2   +4   -1   +2
(2)   +6   -1   +4   -1   +4
(3)   +4   -1   +2   -2   +4
(4)   +6   -2   +2   -2   +2
(5)   +6   -1   +4   -2   +2

7 次のうち、10％硫酸水溶液を白金電極で電気分解したとき、陽極に生成するものはどれか。

(1) 酸素   (2) 塩素   (3) 水素   (4) 窒素

8 ナトリウム（Na）、鉄（Fe）、アルミニウム（Al）をイオン化傾向の大きい順に並べると、正しいものはどれか。

(1) Na＞Fe＞Al   (2) Na＞Al＞Fe
(3) Al＞Na＞Fe   (4) Fe＞Na＞Al

9 次のうち、炎色反応として緑色を示すものはどれか。

(1) ナトリウム   (2) ストロンチウム   (3) 銅   (4) カルシウム

10 次の元素のうち、希ガスはどれか。

(1) ナトリウム　　(2) ヘリウム　　(3) フッ素　　(4) 炭素

11 次の化合物と含まれる官能基の組み合わせとして、誤っている
ものを下から選びなさい。

	化合物	官能基
(1)	安息香酸	$-COOH$
(2)	アセトン	$-CHO$
(3)	ニトロベンゼン	$-NO_2$
(4)	フェノール	$-OH$
(5)	アニリン	$-NH_2$

第5回

毒物及び劇物の性質、貯蔵、識別、取扱方法、実地（一般）

1 次の①～⑤に示す毒物または劇物の貯蔵法として最も適当なものを、次のア～オからそれぞれ1つ選びなさい。

① 黄リン ② 過酸化水素水 ③ アクリルニトリル
④ クロロプレン ⑤ ナトリウム

ア 空気に触れると発火しやすいので、水中に沈めて瓶に入れ、さらに砂を入れた缶中に固定して、冷暗所に貯える。

イ 重合防止剤を加えて窒素置換し、遮光して冷所に貯える。

ウ 少量ならば褐色ガラス瓶、大量ならばカーボイなどを使用し、3分の1の空間を保って貯蔵する。日光の直射を避け、有機物、金属塩、樹脂、油類、その他有機性蒸気を放出する物質と引き離して、冷所に貯蔵する。

エ 空気中にそのまま貯えることができないので、通常石油中に貯える。

オ できるだけ直接空気に触れることを避け、不活性ガスを封入し、暗所に保管する。

2 次の①～⑤に示す毒物または劇物の用途として最も適当なものを、次のア～オからそれぞれ1つ選びなさい。

① クロルピクリン ② 酢酸タリウム ③ アニリン
④ シアン酸ナトリウム ⑤ 塩素酸ナトリウム

ア 染料、樹脂等の原料 イ 鋼の熱処理 ウ 土壌燻蒸剤
エ 除草剤 オ 殺鼠剤

3 次の①～⑧に示す毒物または劇物の人体に対する影響について、最も該当するものを次のア～クそれぞれから1つ選びなさい。

① シュウ酸 ② DDVP（ジクロルボス） ③ 塩素酸塩類
④ クラーレ ⑤ 硫酸 ⑥ メタノール ⑦ メチルエチルケトン
⑧ クロロホルム

ア　皮膚に触れた場合、皮膚を刺激して乾性の炎症（鱗状症）を起こす。

イ　皮膚に触れると、激しいやけどを起こす。

ウ　頭痛、めまい、嘔吐などの他、視神経がおかされて失明することがある。

エ　コリンエステラーゼ阻害による縮瞳、皮膚や粘膜からの分泌亢進。

オ　血液中の石灰分を奪取し、神経系をおかす。

カ　メトヘモグロビン血症によるチアノーゼ

キ　強い麻酔作用があり、めまい、頭痛、吐き気をきたす。

ク　四肢の運動麻痺に始まり、呼吸麻痺で死にいたる。

4　次の記述について、正しいものに○印、誤っているものに×印を選びなさい。

① 5％過酸化水素水は劇物である。

② トルエンを含むシンナーは劇物である。

③ パラチオン、EPNはともに有機リン化合物である。

④ フッ化水素を含有する製剤はすべて毒物である。

⑤ クロム酸鉛70％以下を含有する製剤は劇物から除外される。

⑥ ナトリウムは劇物に指定されている。

5　次の①～⑦に示す毒物または劇物を廃棄するのに最も適当な方法を、下のア～キからそれぞれ1つ選びなさい。

① ヒ素　② キシレン　③ シアン化ナトリウム

④ 塩素酸カリウム　⑤ 硫酸　⑥ アンモニア水　⑦ 硫化バリウム

ア　水で希薄な水溶液とし、酸で中和させた後、多量の水で希釈して処理する。

イ　チオ硫酸ナトリウムの水溶液に希硫酸を加えて酸性にし、この中に少量ずつ投入する。反応終了後、反応液を中和し多量の水で希釈して処理する。

ウ　水に溶かし硫酸第一鉄の水溶液を加えて処理し、沈殿ろ過して埋立処分する。

エ　セメントを用いて固化し、溶出試験を行い、溶出量が判定基準以下であることを確認して埋立処分をする。

オ　水酸化ナトリウム水溶液でアルカリ性とし、高温加圧下で加水分解する。

カ　徐々に石灰乳などの攪拌溶液に加えて中和させた後、多量の水で希釈して処理する。

キ　ケイソウ土等に吸収させて開放型の焼却炉で少量ずつ焼却する。

6 次の①～③に示す毒物または劇物が飛散または漏えいしたときの措置として最も適当なものを、下のア～エからそれぞれ1つ選びなさい。

①　カリウム　②　フッ化水素酸　③　アクロレイン

ア　少量であれば、10%亜硫酸水素ナトリウム水溶液で反応させた後、多量の水で洗い流す。

イ　できるだけ空容器に回収し、そのあとを徐々に注水してある程度希釈した後、消石灰等の水溶液で処理し、多量の水で洗い流す。

ウ　速やかに拾い集めて灯油または流動パラフィンの入った容器に回収する。

エ　飛散したものは空容器にできるだけ回収し、そのあとを硫酸第一鉄の水溶液を加えて処理し、多量の水で洗い流す。

7 次の①～⑧に示す毒物または劇物の鑑定方法について、最も適当なものを下のア～コからそれぞれ1つ選びなさい。

①　一酸化鉛　②　ホルマリン　③　フェノール　④　クロロホルム
⑤　ニコチン　⑥　ヨウ素　⑦　クロルピクリン　⑧　アンモニア水

ア　アルコール溶液に水酸化カリウム溶液と少量のアニリンを加えて熱すると、不快な刺激臭を放つ。

イ　硝酸を加え、さらにフクシン亜硫酸溶液を加えると藍紫色を呈する。

ウ　このエーテル溶液にヨードのエーテル溶液を加えると、褐色の沈殿が生じ、これを放置すると赤色の針状結晶となる。

エ　デンプンと反応して藍色を呈し、これを熱すると脱色し、冷えると再び藍色を呈し、さらにチオ硫酸ナトリウムの溶液にあうと脱色する。

オ　濃塩酸をうるおしたガラス棒を近づけると白い霧を生じる。

カ　希硝酸に溶かすと無色の液となり、これに硫化水素を通じると黒色の沈殿を生ずる。

キ　水溶液に金属カルシウムを加え、これにベタナフチルアミンおよび硫酸を加えると、赤色の沈殿を生ずる。

ク　水溶液に塩化鉄(Ⅲ)溶液を加えると紫色を呈する。

8　次の①〜⑤に示す**毒物または劇物の代表的な性状**について、**最も適当なもの**を下のア〜オからそれぞれ1つ選びなさい。

①　フェノール　②　臭化エチル　③　ニトロベンゼン

④　メチルメルカプタン　⑤　クロム酸カリウム

ア　橙黄色の結晶で水によく溶けるがアルコールには溶けない。

イ　無色〜淡黄色の油状液体でアーモンド様の香気を発する。

ウ　無色の針状晶または結晶性の塊で特異的な臭気をもつ。空気中では光により次第に赤色となる。

エ　腐ったキャベツ様の臭気を発する。

オ　無色透明で引火性のある揮発性液体。エーテル様の臭気をもつ。

毒物及び劇物の性質、貯蔵、識別、取扱方法、実地（農業品目）

1 アンモニアを含有する製剤で、劇物の指定から除外される上限の濃度について正しいものはどれか。

(1)　3％　　(2)　5％　　(3)　7％　　(4)　10%　　(5)　15%

2 次の物質のうち、劇物に該当するものはどれか。

(1)　モノフルオール酢酸　　(2)　シアン化カリウム
(3)　フッ化スルフリル　　(4)　DDVP　　(5)　炭酸ナトリウム

3 硫酸の性状に関する記述について、（　）の中にあてはまる最も適した字句はどれか。

　（　a　）の油状液体で粗製のものは微褐色のものもある。濃硫酸は吸湿性が強く、水で薄めると（　b　）する。また、有機物を黒変させる。塩化バリウムを加えると（　c　）の硫酸バリウムを沈殿する。この沈殿物は、塩酸、硝酸に溶けない。

a　(1)　乳白色　(2)　無色透明　(3)　橙黄色　(4)　暗緑色　(5)　赤色
b　(1)　発色　(2)　発熱　(3)　発火　(4)　凝縮　(5)　沈殿
c　(1)　黒色　(2)　白色　(3)　黄褐色　(4)　褐色　(5)　青紫色

4 EPNの性状・用途に関する記述について、（　）の中にあてはまる最も適した字句はどれか。

　EPNは、常温では（　a　）の結晶で、水に溶けにくく、有機溶媒に溶ける。
　（　b　）剤であり効力はやや遅効性である。（　c　）剤として用いられる。

a　(1)　緑色　(2)　白色　(3)　無色　(4)　赤色　(5)　青色
b　(1)　有機リン　(2)　有機フッ素　(3)　有機塩素　(4)　無機シアン

(5)　カルバメート

c　(1)　殺鼠　(2)　殺菌　(3)　除草　(4)　殺虫　(5)　殺線虫

5　次の文章は、ある物質を識別するための特性について述べたものである。該当する物質はどれか。

　濃い青色の結晶であり、空気中に放置すると結晶水を失って粉末になる。水に可溶で硝酸バリウムを加えると、白色の沈殿を呈する。

(1)　硫酸カルシウム　　　(2)　硫酸第二銅　　　(3)　ロテノン

(4)　ナラシン　　　(5)　リン化亜鉛

以下の硫酸タリウムに関する記述について、問 **6** ～ **10** の問に答えよ。

> 　硫酸タリウムの化学式は、（　ア　）で表され、（　イ　）の結晶である。硫酸タリウムを含有する製剤は、（　ウ　）に指定されている。ただし、硫酸タリウム0.3%以下を含有し、（　エ　）に着色され、かつ、トウガラシエキスを用いて著しくからく着味されているものは除かれる。主な用途は（　オ　）である。

6　（　ア　）にあてはまる化学式として、正しいものはどれか。

(1)　TaS_2　　　(2)　Tl_2SO_4　　　(3)　$TlNO_3$　　　(4)　Tl_2CO_3　　　(5)　$LiTaO_3$

7　（　イ　）にあてはまる字句として、正しいものはどれか。

(1)　緑色　　　(2)　黒色　　　(3)　青色　　　(4)　赤色　　　(5)　無色

8　（　ウ　）にあてはまる字句として、正しいものはどれか。

(1)　毒物　　　(2)　劇物　　　(3)　普通物　　　(4)　特定毒物　　　(5)　麻薬

9 （　エ　）にあてはまる字句として、正しいものはどれか。

(1)　緑色　　(2)　赤色　　(3)　青色　　(4)　黄色　　(5)　黒色

10 （　オ　）にあてはまる字句として、正しいものはどれか。

(1)　殺虫剤　　(2)　殺鼠剤　　(3)　燻煙剤　　(4)　殺菌剤　　(5)　除草剤

11 ジクワットによる暴露・接触時の措置に関する記述の正誤について、正しい組み合わせはどれか。

a　皮膚に触れた場合は、直ちに汚染された衣服やくつ等を脱がせ、付着部又は接触部を石けん水で洗浄し、多量の水を用いて洗い流す。

b　眼に入った場合は、直ちに多量の水で15分間以上洗い流す。

c　吸入した場合は、直ちに患者を毛布等にくるんで安静にさせ、新鮮な空気の場所に移す。

	a	b	c
(1)	正	正	正
(2)	正	誤	正
(3)	誤	正	正
(4)	正	正	誤
(5)	誤	誤	誤

12 ブロムメチルの貯蔵方法として、最も適切なものはどれか。

(1)　水中に沈めて保存する。

(2)　密栓をして保存する。

(3)　透明なガラス容器に密栓のうえ保存し、十分に換気する。

(4)　圧縮容器に入れて冷暗所で保存する。

(5)　メタノールを重合防止剤として加えて遮光密栓して保存する。

13 有機フッ素製剤の人体に対する代表的な作用や中毒症状に関する記述について、最も適切なものはどれか。

(1) 中毒は、生体細胞のTCAサイクルの阻害によって主として起こり、その症状は呼吸障害型、心臓障害型、中枢神経障害型の3つに大別されるが、これらの型が混合して発症する場合が多い。

(2) 加水分解酵素のSH基と結合し、酵素を不活性性化し膜透過性を変化させて、代謝障害を起こす。

(3) コリンエステラーゼと結合し、その作用を阻害するため、アセチルコリンが蓄積される。

(4) 呼吸中枢を刺激し、ついで、呼吸麻痺を起こす。

(5) 細胞中の微小管の主要蛋白質であるチューブリンに結合して脱重合させ細胞骨格の機能を阻害する。

14 次の物質のうち、中毒が生じた場合の治療法として、2－ピリジルアルドキシムメチオダイド（別名PAM）の製剤を利用するものはどれか。

(1) 硫酸ニコチン　　(2) モノフルオール酢酸

(3) ペンタクロルフェノール　　(4) クロルピリホス　　(5) パラコート

15 ダイアジノンの漏えい、飛散時の措置として、最も適切なものはどれか。

(1) 漏えいした液は、重炭酸ナトリウム、または炭酸ナトリウムと水酸化カルシウムからなる混合物の水溶液で中和する。

(2) 付近の着火源となるものを速やかに取り除き、漏えいした液は土砂等でその流れを止め、飛散したものは空容器にできるだけ回収し、そのあとを消石灰等の水溶液を用いて処理し、多量の水を用いて洗い流す。

(3) 漏えいしたものは、空容器にできるだけ回収し、そのあと食塩水を用いて塩化物とし、多量の水で洗い流す。

(4) 漏えいしたものは、速やかに集めて灯油又は流動パラフィンの入った容器に回収する。

(5) 周辺にはロープを張るなどして、人の立入りを禁止し、禁水を標示する。

16 次の物質に関する記述の正誤について、正しい組み合わせはどれか。

a　ニコチンは、劇物に該当する。

b　リン化亜鉛は劇物に該当するが、リン化亜鉛1％を含有し、黒色に着色され、かつ、トウガラシエキスを用いて著しくからく着味されているものは劇物に該当しない。

c　クロルピクリンの廃棄方法は、少量の界面活性剤を加えた亜硫酸ナトリウムと炭酸ナトリウムの混合溶液中で、攪拌し分解させた後、多量の水で希釈して処理する。

d　ジメトエートは、有機塩素系殺虫剤である。

	a	b	c	d
(1)	正	正	正	正
(2)	正	誤	誤	誤
(3)	誤	正	正	誤
(4)	誤	正	誤	正
(5)	誤	誤	誤	誤

毒物及び劇物の性質、貯蔵、識別、取扱方法、実地（特定品目）

1 次の薬物の代表的な用途として、最も適当なものを下から1つ選び、その番号を答えなさい。

a トルエン　　b 過酸化水素　　c 硫酸　　d ホルマリン

(1) 肥料、各種化学薬品の製造、石油の精製、冶金、塗料、顔料などの製造に用いられ、また乾燥剤、試薬として用いられる。

(2) 酸化、還元の両作用を有しているので、工業上貴重な漂白剤として、獣毛、羽毛、綿糸、絹糸、骨質、象牙などを漂白するのに用いられる。

(3) フィルムの硬化、人造樹脂、人造角、色素合成などの製造に用いられるほか、農薬や試薬として用いられる。

(4) 爆薬、染料、香料、サッカリン、合成高分子材料などの原料、溶剤、分析用試薬として用いられる。

2 次の薬物の人体に対する代表的な中毒症状として、最も適当なものを下から1つ選び、その番号を答えなさい。

a アンモニア水　　b 四塩化炭素

c 酢酸エチル　　d メチルエチルケトン

(1) 揮発性の蒸気の吸入により、はじめ頭痛、悪心などをきたし、また黄疸のように角膜が黄色となり、しだいに尿毒症様を呈し、はなはだしいときは死ぬことがある。

(2) アルカリ性で、強い局所刺激作用を示す。また、腐食作用によって直接細胞を損傷し、気道刺激症状、肺浮腫、肺炎を招く。

(3) 吸入すると、眼、鼻、のどなどの粘膜を刺激する。高濃度で麻酔状態となる。

(4) 蒸気は、粘膜を刺激し、持続的に吸入するときは肺、腎臓、および心臓の障害をきたす。

3 次の薬物の性状として、最も適当なものを下から１つ選び、その番号を答えなさい。

a　シュウ酸　　b　硝酸　　c　塩素　　d　クロロホルム

(1)　無色、揮発性の液体で、特異の香気と、かすかな甘味を有する。

(2)　２molの結晶水を有する無色、稜柱状の結晶で、乾燥空気中で風化する。

(3)　常温においては窒息性臭気をもつ黄緑色気体。冷却すると黄色溶液を経て黄白色固体となる。

(4)　きわめて純粋な、水を含まないものは、無色の液体で、特有な臭気がある。腐食性が激しく、空気に接すると刺激性白霧を発し、水を吸収する性質が強い。

4 次の薬物の廃棄方法として、最も適当なものを下から１つ選び、その番号を答えなさい。

a　一酸化鉛　　b　トルエン　　c　硝酸　　d　水酸化カリウム

(1)　徐々にソーダ灰または消石灰の攪拌溶液に加えて中和させた後、多量の水で希釈して処理する。消石灰の場合は、上澄液のみを流す。

(2)　ケイソウ土等に吸収させて開放型の焼却炉で少量ずつ焼却する。

(3)　セメントを用いて固化し、溶出試験を行い、溶出量が判定基準以下であることを確認して埋立処分する。多量の場合には還元焙焼法により回収する。

(4)　水を加えて希薄な水溶液とし、酸で中和させた後、多量の水で希釈して処理する。

5 次の薬物の貯蔵方法として、最も適当なものを下から１つ選び、その番号を答えなさい。

a　メタノール　　b　クロロホルム
c　水酸化ナトリウム　　d　過酸化水素水

(1)　冷暗所に貯蔵する。純品は空気と日光によって変質するので、少量のアルコールを加えて分解を防止する。

(2) 少量ならば褐色ガラス瓶、大量ならばガラス製の発酵容器などを使用し、3分の1の空間を保って貯蔵する。日光の直射をさけ、冷所に、有機物、金属塩、樹脂、油類、その他有機性蒸気を放出する物質とひき離して貯蔵する。

(3) 炭酸ガスと水を吸収する性質が強いので、密栓して貯蔵する。

(4) 引火しやすく、またその蒸気は空気と混合して爆発性混合ガスを形成するので火気は絶対に近づけない。

6 次の薬物について、該当する性状をAから、鑑別方法をBから、それぞれ最も適当なものを1つ選び、その番号を答えなさい。

 a 四塩化炭素 b 硫酸

【A】（性状）

(1) 無色透明、油様の液体であるが、粗製のものは、しばしば有機物が混じて、かすかに褐色を帯びていることがある。

(2) 揮発性、麻酔性の芳香を有する無色の重い液体。不燃性であるが、さらに揮発して重い蒸気となり、火炎をつつんで空気を遮断するので、強い消火力を示す。また、油脂類をよく溶解する性質がある。

(3) 橙黄色の結晶で、水によく溶けるが、アルコールには溶けない。

(4) 重質無色透明の液体で芳香族炭化水素特有の臭いがある。

【B】（鑑別方法）

(1) 水溶液は硝酸バリウムまたは塩化バリウムで、黄色のバリウム化合物を沈殿する。または、酢酸鉛で黄色の鉛化合物を沈殿する。

(2) 水溶液に酒石酸溶液を過剰に加えると、白色結晶性の沈殿を生ずる。

(3) 濃いものは、比重がきわめて大で、水でうすめると激しく発熱し、ショ糖、木片などに触れると、それらを炭化して黒変させる。

(4) アルコール性の水酸化カリウムと銅粉とともに煮沸すると、黄赤色の沈殿を生ずる。

7 次の薬物について、該当する性状をAから、鑑別方法をBから、それぞれ最も適当なものを1つ選び、その番号を答えなさい。

　a　メタノール　　b　過酸化水素水

【A】（性状）

(1)　無色透明の濃厚な液体で、強く冷却すると稜柱状の結晶に変ずる。常温でも徐々に酸素と水に分解するが、もし微量の不純物を混入したり、あるいは少し加熱すると、爆鳴を発して急に分解する。

(2)　無色の液体でアセトン様の芳香がある。

(3)　赤色または黄色の粉末で、製法によって色が異なる。水にはほとんど溶けないが、酸には容易に溶ける。

(4)　無色透明、動揺しやすい揮発性の液体で、水、エチルアルコール、クロロホルム、脂肪、揮発油と随意の割合で混合する。

【B】（鑑別方法）

(1)　試験管に入れて熱すると、はじめ黒色に変わり、なお熱すると、完全に揮散してしまう。

(2)　過マンガン酸カリウムを還元し、クロム酸塩を過クロム酸に変える。また、ヨード亜鉛からヨードを析出する。

(3)　サリチル酸と濃硫酸とともに熱すると、芳香あるサリチル酸メチルエステルを生ずる。

(4)　水溶液を白金線につけて無色の火炎中に入れると、火炎は著しく黄色に染まり、長時間続く。

毒物劇物取扱者試験

解答・解説

毒物及び劇物に関する法規
（一般・農業用品目・特定品目共通）

1 　解答　(1)　×　　(2)　×　　(3)　○　　(4)　×

ア　法令による規定はありません。

ウ　塩素酸塩類およびその含有製剤の場合、35％以上を含有するものに
限られます。

2 　解答　(1)　×　　(2)　×　　(3)　○　　(4)　×

(1)　毒物劇物特定品目販売業の店舗の毒物劇物取扱責任者となることが
できます。

(2)　毒物劇物農業用品目販売業の店舗の毒物劇物取扱責任者となること
ができます。

(4)　毒物または劇物の製造業の製造所の毒物劇物取扱責任者となること
ができるのは、一般毒物劇物取扱者試験に合格した者となります。

3 　解答　(1)　×　　(2)　×　　(3)　○　　(4)　×

(1)　製造業の登録の更新申請は、登録の日から起算して5年を経過した
日の1月前までです。

(2)　輸入業の登録の更新申請は、登録の日から起算して5年を経過した
日の1月前までです。

(4)　特定毒物研究者の許可については、更新制度は設けられていませ
ん。

4 　解答　(1)　×　　(2)　○　　(3)　×　　(4)　×

解説　法令の記載内容にしたがい、Aは十八、Bは三が適した数字になり

ます。

解答 (1) × (2) ○ (3) × (4) ×

(1) 電気めっきを行う事業者で届出が必要なのは、シアン化ナトリウム、製剤を含めて無機シアン化合物で毒物であるものを使用する場合です。

(3) ねずみの防除を行う事業者に関しては、毒物及び劇物取締法第22条第1項には規定がありません。

(4) 金属熱処理を行う事業者で届出が必要なのは、シアン化ナトリウム、製剤を含めて無機シアン化合物で毒物であるものを使用する場合です。

6 **解答** (1) ○ (2) × (3) × (4) ×

(2) 毒物の容器として、飲食物の容器として通常使用される物を使用することはできません。

(3) 書面に記載しておかなければならない事項は、毒物または劇物の名称および数量、販売または授与の年月日、譲受人の氏名、職業、住所（法人については名称と主となる事務所の所在地）です。

(4) 販売業の場合、変更に関する届出は所在地の都道府県知事または市長、区長になります。

7 **解答** (1) × (2) × (3) × (4) ○

解説 (4) 劇物の容器および被包には「医薬用外」の文字とともに白地に赤色で「劇物」の文字を表示しなければなりません。

8 **解答** (1) ○ (2) × (3) × (4) ×

解説 法令の記載内容から適した語句の組み合わせは(1)となります。

9 **解答** (1) ○ (2) × (3) × (4) ×

解説 法令の記載内容から適した語句の組み合わせは(1)となります。

10 **解答** (1) × (2) × (3) ○ (4) ×

解説 毒物及び劇物取締法施行規則第13条の5および別表第5（第13条の5関係）により規定されています。

基礎化学
（一般・農業用品目・特定品目共通）

1 解答 (1) ○　(2) ×　(3) ×　(4) ×

(2) アンモニアの水素原子と窒素原子の間の結合は、共有結合です。

(3) ダイヤモンドの炭素原子間の結合は、共有結合です。

(4) 塩化ナトリウムのナトリウム原子と塩素原子の間の結合は、イオン結合です。

2 解答 (1) ×　(2) ×　(3) ×　(4) ×　(5) ○

[解説] 二酸化炭素（CO_2）には酸素原子が2つ含まれるので、2 molの二酸化炭素中には倍の4 molの酸素原子が含まれます。

3 解答 (1) ×　(2) ×　(3) ○　(4) ×

(1) 液体が気体になる変化は気化（蒸発）といいます。

(2) 気体が液体になる変化は凝縮（液化）といいます。

(4) 液体が固体になる変化は凝固といいます。

4 解答 (1) ×　(2) ×　(3) ×　(4) ○

[解説] (4) フェノールフタレインは化学分析で用いられるpH指示薬の一種です。

5 解答 (1) ×　(2) ×　(3) ○　(4) ×

[解説] 還元とは、物質が水素と化合したり、電子を受け取ったり、酸素を失ったりすることと定義されます。

6 解答 (1) ×　(2) ○　(3) ×　(4) ×　(5) ×

[解説] 各物質の酸化数を計算すると対象元素の酸化数の組み合わせは(2)となります。

7 解答 (1) ○　(2) ×　(3) ×　(4) ×

[解説] 両極で起こる反応は以下のとおりです。

陰極：$2H^+ + 2e^- \rightarrow H_2$

陽極：$2H_2O \rightarrow O_2 + 4H^+ + 4e^-$

8 解答 (1) ×　(2) ○　(3) ×　(4) ×

[解説] イオン化傾向の大小から(2)が正解となります。

9 　解答　(1) ×　　(2) ×　　(3) ○　　(4) ×

解説　他の物質の炎色反応については、(1)のナトリウムは黄色、(2)のストロンチウムは深紅色を、(4)のカルシウムは赤橙色を呈します。

10 　解答　(1) ×　　(2) ○　　(3) ×　　(4) ×

解説　元素の周期表から(2)のヘリウムが正解となります。

11 　解答　(1) ○　　(2) ×　　(3) ○　　(4) ○　　(5) ○

解説　(2)の官能基はアルデヒド基で、アセトンはケトン基（カルボニル基）になります。

毒物及び劇物の性質、貯蔵、識別、取扱方法、実地（一般）

1 解答 ① ア ② ウ ③ オ ④ イ ⑤ エ

解説 ④ クロロプレン（別名クロロブタジエン、β-クロロプレン）は、無色の液体で、特徴的な臭気のある劇物です。水に極めて溶けにくく、エタノール、アセトン、トルエンなどには可溶です。蒸気は空気よりも重く、引火性を有します。もともと不安定な化合物で、加熱などにより激しく重合するため、安定剤を添加し、低温下で貯蔵する必要があります。

2 解答 ① ウ ② オ ③ ア ④ イ ⑤ エ

① 主に農薬として用いられ、殺虫殺菌などの目的で使用されます。

② 殺鼠剤として用いられるほか、分析用の試薬としての利用もあります。

3 解答 ① オ ② エ ③ カ ④ ク ⑤ イ ⑥ ウ
⑦ ア ⑧ キ

③ 血液に作用する毒性が顕著となります。

④ 筋弛緩作用により、運動、呼吸が麻痺します。

⑦ 皮膚と接触することで、乾性の炎症（鱗状症）を起こします。

4 解答 ① × ② × ③ ○ ④ ○ ⑤ ○ ⑥ ○

① 6％以下を含む製剤は普通物となります。

② 劇物ではありませんが、毒劇法で所持規定が定められています。

5 解答 ① エ ② キ ③ オ ④ イ ⑤ カ ⑥ ア ⑦ ウ

解説 厚生労働省による毒物及び劇物の廃棄の方法に関する基準にもとづき、各物質に適した方法を用いて廃棄を行います。

6 解答 ① ウ ② イ ③ ア

① 潮解性のある物質のため、灯油や流動パラフィンの入った容器に回収します。

② 水で希釈した後、消石灰等の水溶液で中和処理を行い、多量の水で洗い流します。

③ 過剰の10％亜硫酸水素ナトリウム水溶液で反応させます。

7 　解答　① カ　② イ　③ ク　④ ア　⑤ ウ　⑥ エ
　　　　　⑦ キ　⑧ オ

① 希硝酸に溶解したのち硫化水素を混入させると黒色の硫化鉛を沈殿
します。

② 酸性下でフクシン亜硫酸溶液を加えると藍紫色になります。

③ 塩化鉄（Ⅲ）溶液で紫色を呈色するのはフェノール類の特徴的な反応
です。

⑥ ヨウ素でんぷん反応により藍色を呈し、加熱やチオ硫酸ナトリウム
溶液により脱色します。

8 　解答　① ウ　② オ　③ イ　④ エ　⑤ ア

② 無色透明の液体、引火性、揮発性、エーテル様の臭気が特徴となり
ます。

③ 無色〜淡黄色の油状液体で、水には溶けにくい性質をもちます。ア
ーモンド様（杏仁豆腐や桃を腐らせたという表現もある）の香気を発
するのも特徴です。

④ 無色の気体で、腐ったキャベツ様の臭気を発するのが大きな特徴で
す。

毒物及び劇物の性質、貯蔵、識別、取扱方法、実地 （農業品目）

1 　　**解答** (1) × 　(2) × 　(3) × 　(4) ○ 　(5) ×

[解説] 10%以下を含む製剤は普通物となります。

2 　　**解答** (1) × 　(2) × 　(3) × 　(4) ○ 　(5) ×

[解説] (1)のモノフルオール酢酸は特定毒物に、(2)のシアン化カリウム、(3)のフッ化スルフリルはともに毒物に指定されています。(5)の炭酸ナトリウムは毒劇法による指定はありません。

3 　　**解答** a (2) 　　b (2) 　　c (2)

[解説] 硫酸の特徴、性質からa、b、cともに(2)が正解となります。

4 　　**解答** a (2) 　　b (1) 　　c (4)

[解説] EPNの性状・用途は常温では白色の結晶、有機リン製剤、遅効性の殺虫剤です。

5 　　**解答** (1) × 　(2) ○ 　(3) × 　(4) × 　(5) ×

[解説] 硫酸第二銅の特徴、性質は、濃い青色の結晶、空気中に放置すると風解、水に可溶、硝酸バリウムとの混合により白色硫酸バリウムを沈殿などがあります。

6 　　**解答** (1) × 　(2) ○ 　(3) × 　(4) × 　(5) ×

[解説] タリウムと硫酸の化合物であることから、TlとSO_4を含む(2)を選びます。

7 　　**解答** (1) × 　(2) × 　(3) × 　(4) × 　(5) ○

[解説] 硫酸タリウムは無色無臭の結晶で、水、エタノールに可溶な不燃性の物質です。

8 　　**解答** (1) × 　(2) ○ 　(3) × 　(4) × 　(5) ×

[解説] 硫酸タリウムは劇物に指定されています。

9 　　**解答** (1) × 　(2) × 　(3) × 　(4) × 　(5) ○

[解説] 法令で黒と規定されています。

10 　　**解答** (1) × 　(2) ○ 　(3) × 　(4) × 　(5) ×

[解説] 殺鼠剤として用いられるほか、分析用の試薬としての利用もありま

す。

11 　**解答** (1) ○　　(2) ×　　(3) ×　　(4) ×　　(5) ×

解説 設問の内容はすべてジクワットについて正しく記述された内容です。

12 　**解答** (1) ×　　(2) ×　　(3) ×　　(4) ○　　(5) ×

解説 常温常圧下で無色の気体であるブロムメチル（別名臭化メチル）は、圧縮し、液状化して保存します。

13 　**解答** (1) ○　　(2) ×　　(3) ×　　(4) ×　　(5) ×

解説 特定毒物のモノフルオール酢酸ほか有機フッ素製剤の人体に対する代表的な作用に、生体細胞の主たるエネルギー生産手段であるTCAサイクルの阻害があります。

14 　**解答** (1) ×　　(2) ×　　(3) ×　　(4) ○　　(5) ×

解説 (4)　クロルピリホスほか有機リン製剤の解毒には主に２－ピリジルアルドキシムメチオダイド（別名PAM）の製剤が用いられます。

15 　**解答** (1) ×　　(2) ○　　(3) ×　　(4) ×　　(5) ×

解説 ダイアジノンは消石灰等の水溶液を用いて処理を行います。

16 　**解答** (1) ×　　(2) ×　　(3) ○　　(4) ×　　(5) ×

　a　ニコチンは毒物に該当します。

　d　ジメトエートは有機リン系殺虫剤です。

毒物及び劇物の性質、貯蔵、識別、取扱方法、実地（特定品目）

1　解答　a（4）　b（2）　c（1）　d（3）

a　トルエンは爆薬、合成高分子材料などの原料、溶剤、分析用試薬ほか多方面に用いられます。

b　過酸化水素は酸化、還元の両作用を有し、漂白剤に多用されます。

c　肥料や各種化学薬品の製造、石油精製、冶金、塗料、顔料などの製造や、乾燥剤、試薬としても用いられます。

2　解答　a（2）　b（1）　c（4）　d（3）

a　アンモニア水の中毒症状はアルカリ性、強い局所刺激作用、腐食作用により直接細胞を損傷などが特徴となります。

c　酢酸エチルは、粘膜刺激性の蒸気で、持続的な吸入により肺、腎臓、心臓へ障害を引き起こします。

d　メチルエチルケトンには、吸引による粘膜刺激や、高濃度で麻酔状態となるなどの中毒症状があります。

3　解答　a（2）　b（4）　c（3）　d（1）

a　常温常圧下では $2\,mol$ の結晶水を有します。

c　冷却することで黄白色に固化します。

4　解答　a（3）　b（2）　c（1）　d（4）

a　一酸化鉛などの不溶性の鉛化合物は固化隔離法を用います。

b　トルエンには燃焼法が用いられます。設問の方法以外にも、焼却炉の火室へ噴霧し焼却する方法も用いられます。

d　強アルカリの水酸化カリウムには中和法が用いられます。

5　解答　a（4）　b（1）　c（3）　d（2）

（解説）以下のような各物質の特性を考えた貯蔵・保管が行われています。

a　引火性があります。

b　熱、空気、湿気などで分解されやすい性質を有します。

c　潮解性を有します。

d　温度上昇などにより分解が起こると激しく酸素を発生するため、周

囲に易燃物があると発火・爆発の可能性があります。

6 　　**解答**　a　【A】(2) 【B】(4)　　b　【A】(1) 【B】(3)

a　四塩化炭素は揮発性、麻酔性を有する液体で、蒸気の比重は空気よりも重くなります。

b　硫酸はショ糖などを炭化させる性質があります。また、水で希釈する際は硫酸に水を加えると激しく発熱するため、水に硫酸を少量ずつ加えるようにします。

7 　　**解答**　a　【A】(4) 【B】(3)　　b　【A】(1) 【B】(2)

a　メタノールは、無色透明の揮発性を有する液体で、水、クロロホルム、有機物などと任意の割合で混合します。また、酸触媒下で反応させることで、サリチル酸をメチル化します。

b　過酸化水素水は無色透明の濃厚液体で、強く冷却すると稜柱状の結晶に変じます。また、不純物の混入や加熱により激しく分解して爆発します。酸化性と還元性を有するのも特徴的な性質の1つです。

— MEMO —

〈執筆者紹介〉

阿佐ヶ谷制作所・毒物劇物研究会

医療・美容・健康・薬膳に特化した制作集団。
ドラッグストア勤務経験者で医薬品登録販売者、中医薬膳師の資格を
持つ代表をはじめ、薬剤師などの資格を持つスタッフが在籍。また、
医療・健康業界をはじめとした理科系の人脈も豊富。毒物劇物取扱者
書籍の執筆も手がける。

本書の内容は、小社より2019年12月に刊行された
「毒物劇物取扱者　スピード問題集　第2版」（ISBN：978-4-8132-8664-6）
と同一です。

毒物劇物取扱者（どくぶつげきぶつとりあつかいしゃ）　スピード問題集（もんだいしゅう）〔第2版新装版〕

2010年10月1日　初　版　第1刷発行
2019年12月20日　第2版　第1刷発行
2024年4月1日　第2版新装版　第1刷発行

編 著 者	阿 佐 ヶ 谷 制 作 所	
	（毒物劇物研究会）	
発 行 者	多　田　敏　男	
発 行 所	TAC株式会社　出版事業部	
	（TAC出版）	

〒101-8383
東京都千代田区神田三崎町3-2-18
電話 03(5276)9492(営業)
FAX 03(5276)9674
https://shuppan.tac-school.co.jp

組 版	株式会社　グ ラ フ ト	
印 刷	株式会社　ワ　コ　ー	
製 本	株式会社　常 川 製 本	

© Asagaya Seisakusho 2024　　　Printed in Japan

ISBN 978-4-300-11171-0
N.D.C. 498

書籍の正誤に関するご確認とお問合せについて

書籍の記載内容に誤りではないかと思われる箇所がございましたら、以下の手順にてご確認とお問合せをしてくださいますよう、お願い申し上げます。

なお、正誤のお問合せ以外の書籍内容に関する解説および受験指導などは、一切行っておりません。
そのようなお問合せにつきましては、お答えいたしかねますので、あらかじめご了承ください。

1 「Cyber Book Store」にて正誤表を確認する

TAC出版書籍販売サイト「Cyber Book Store」の
トップページ内「正誤表」コーナーにて、正誤表をご確認ください。

CYBER TAC出版書籍販売サイト
BOOK STORE

URL：https://bookstore.tac-school.co.jp/

2 ①の正誤表がない、あるいは正誤表に該当箇所の記載がない ⇒ 下記①、②のどちらかの方法で文書にて問合せをする

★ご注意ください★

お電話でのお問合せは、お受けいたしません。

①、②のどちらの方法でも、お問合せの際には、「お名前」とともに、
「対象の書籍名（○級・第○回対策も含む）およびその版数（第○版・○○年度版など）」
「お問合せ該当箇所の頁数と行数」
「誤りと思われる記載」
「正しいとお考えになる記載とその根拠」
を明記してください。

なお、回答までに1週間前後を要する場合もございます。あらかじめご了承ください。

① ウェブページ「Cyber Book Store」内の「お問合せフォーム」より問合せをする

【お問合せフォームアドレス】

https://bookstore.tac-school.co.jp/inquiry/

② メールにより問合せをする

【メール宛先　TAC出版】

syuppan-h@tac-school.co.jp

※土日祝日はお問合せ対応をおこなっておりません。
※正誤のお問合せ対応は、該当書籍の改訂版刊行月末日までといたします。

乱丁・落丁による交換は、該当書籍の改訂版刊行月末日までといたします。なお、書籍の在庫状況等により、お受けできない場合もございます。
また、各種本試験の実施の延期、中止を理由とした本書の返品はお受けいたしません。返金もいたしかねますので、あらかじめご了承くださいますようお願い申し上げます。

（2022年7月現在）